366 days
birth bird dictionary

366日の誕生鳥辞典

― 世界の美しい鳥 ―

◆

著 小宮輝之
絵 倉内渚

「鳥」という言葉を聞いて、

あなたはどんな姿を思い浮かべるでしょうか。

歩く道々で出会う鳥や、ペットの小鳥。

初夏の山から聞こえる美しい声の鳥。

遠い異国の地にすむコインの大きさほどの鳥もいれば、

翼を広げると人よりも遥かに大きな鳥もいます。

それぞれの国を象徴する鳥や、

古い言い伝えには不思議な力を持つとされる鳥も。

姿、形、色、模様、しぐさ、習性。

その魅力は鳥の数だけあるといえるでしょう。

鳥という生き物は、実に美しい存在です。

自分の誕生日の鳥の物語を知り、

私たちと同じ世界に生きる個性豊かな鳥たちを

身近に感じていただければ嬉しいです。

< 目次 >

Contents

<この本の見方>

Guide

日にちと、その日に定められている記念日や行事、歴史上の出来事など。
学名／英名の順に記載しています。
その鳥の全長（くちばしの先端から尾羽の先端まで）。家禽類は標準体重。
その鳥がどこに生息しているかを示す分布図。家禽類は原産地であらわします。
1/1
【元日】
トウテンコウ
東天紅
Gallus gallus domesticus ／ Totenko
【分類】キジ目キジ科 【大きさ】♂ 2250g ♀ 1800g
夜明けを告げる長鳴き鶏
江戸時代の安政年間（1854 ~ 1860）には飼育されていたが、当時は名も無い土佐の山間部に飼われる長鳴きの地鶏だった。明治 20 年頃、夜明けの東の空が太陽の光で紅に染まる頃に「とき」を告げる鶏として、東天紅という立派な名がつけられた。朗々と歌いあげるかのような長鳴きは、最高 25 秒という驚きの記録も。赤褐色の赤笹と緑光沢のある黒い羽は、ニワトリの祖先、セキショクヤケイ譲り。DNA 解析からは、土佐地鶏など高知県由来の鶏との関連を示す結果が出ている。

※ 掲載種の分類は原則として Bird families of the World 2015 Lynx に基づいています

【元旦】

東天紅

トウテンコウ

Gallus gallus domesticus ／ Totenko

【分類】キジ目キジ科　【大きさ】♂ 2250g　♀ 1800g

夜明けを告げる長鳴き鶏

江戸時代の安政年間（1854 ～ 1860）には飼育されていたが、当時は名も無い土佐の山間部に飼われる長鳴きの地鶏だった。明治 20 年頃、夜明けの東の空が太陽の光で紅に染まる頃に「とき」を告げる鶏として、東天紅という立派な名がつけられた。朗々と歌いあげるかのような長鳴きは、最高 25 秒という驚きの記録も。赤褐色の赤笹と緑光沢のある黒い羽は、ニワトリの祖先、セキショクヤケイ譲り。DNA 解析からは、土佐地鶏など高知県由来の鶏との関連を示す結果が出ている。

オオタカ

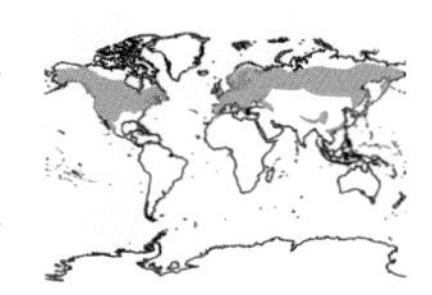

Accipiter gentilis ／ Northern Goshawk

【分類】タカ目タカ科　【大きさ】♂ 50cm　♀ 56cm

縁起を担ぐ名ハンター

正月二日の初夢に見ると縁起が良い「一富士二鷹三茄子」。鷹は「高」「貴」に通じ、出世に繋がる夢とされている。日本でタカといえば鷹狩りに用いられたオオタカのことで、昔から里山にもくらす身近な存在だった。畑、川原、池、林でキジやカモ、ノウサギなど自分と大きさが変わらない動物をも狩り、都市近郊では公園のドバトやムクドリ、カラスを捕る。大木に枝を集めて巣をつくり、ひなが孵るとオスが狩りを担当。えさを手に入れるとケーッ、ケーッと鳴いてメスに合図を送り、持ち帰って素早く渡す。

【元服式（元旦〜1月15日までの吉日）】

ムラサキエボシドリ

Musophaga rossae ／ Ross's Turaco
【分類】エボシドリ目エボシドリ科　【大きさ】53cm

赤い烏帽子に紫紺の衣

エボシドリのなかまはカッコウの親戚筋にあたる、ハトくらいの大きさの鳥だ。アフリカのジャングルやサバンナにくらし、24種が知られている。ほとんどが緑や紫などの派手な翼に、頭には赤やオレンジ色の鮮やかで立派な冠羽を持っている。かつて1月のこの頃は、成人への通過儀礼である元服式が行われていた。元服には頭に冠をつけるという意味があり、武家や公家では男性は成人の証である冠＝烏帽子をはじめて着用する日だった。ムラサキエボシドリの赤い烏帽子状の冠羽に黄色いくちばし、濃い紫紺の羽は元服式に臨む若者を思わせる。

ホウセキドリ

Pardalotus punctatus ／ Spotted Pardalote
【分類】スズメ目ホウセキドリ科　【大きさ】9cm

色とりどりの宝石をまとって

頭、翼、尾羽に白い細やかな斑点と背の金色に輝くうろこ模様、あざやかなのどのオレンジ色はさながら宝石をちりばめたよう。小さな小鳥で、ユーカリの葉の間を盛んに飛びまわり、注意深く小さな昆虫を探しては、ずんぐりした短いくちばしで摘みとって食べる。オーストラリアの固有種で、ユーカリなどの低木林に生息し、木の洞や土手の穴などに巣をつくる。勇敢なオスは巣穴の外で外敵やライバルへの警戒の鳴き声を発してメスやひなを守り、家族を支える。

ルリツグミ

Sialia sialis ／ Eastern Bluebird

【分類】スズメ目ツグミ科　【大きさ】17cm

幸せ運ぶ青い鳥

アメリカではじまったナショナルバードデーにふさわしい、アメリカで最も親しまれている青い鳥。飛びながらやわらかい鳴き声で「チィット・ウィ」と短く繰り返し囀るのは、瑠璃色の羽のオス。メスは灰色を帯びた羽色で、尾羽は淡い瑠璃色だ。アメリカの東半分に広く生息することからその英名がつけられ、林、果樹園、公園など身近なところで見られる。また、Eastern があれば西半分で見られる「Western Bluebird」も存在する。肩が茶色い以外はルリツグミそっくり。アメリカでは国じゅうどこでも青い鳥・ブルーバードに会うことができる。

アホウドリ

Diomedea albatrus ／ Short-tailed Albatross

【分類】ミズナギドリ目アホウドリ科　【大きさ】89cm

優雅に海の上を舞う

1月6日は絶滅したと考えられていたアホウドリが再発見された日。19世紀には伊豆諸島の鳥島に大きな繁殖地があり、かつては数十万羽がいたが、羽毛採取の乱獲で1949年に絶滅したと考えられていた。ところが1951年に鳥島で再発見。以降、保護が実り2018年には5,000羽以上に復活している。人を怖がらず地面を歩くのは苦手。そんな鳥らしからぬ性格から「アホウドリ」と名づけられたが、人とともに生きるなかまとして敬意を込め、山口県の方言で沖の美しい鳥を意味する「オキノタユウ」への改名が提案されている。

【太宰府天満宮 鷽替え神事】

ウソ

Pyrrhula pyrrhula ／ Eurasian Bullfinch

【分類】スズメ目アトリ科 【大きさ】16cm

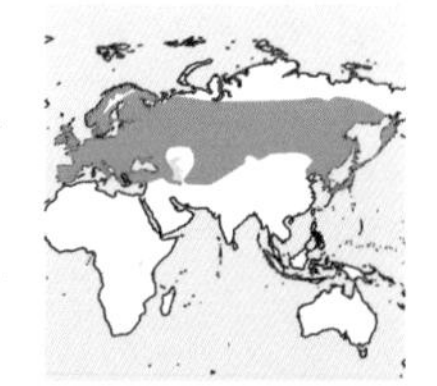

前年の厄を吉に替える縁起者

かつて菅原道真がハチに襲われた際、どこからかウソが飛んできて身を守ったとの言い伝えをもつ縁起の良い鳥。1月7日は大宰府天満宮で行われる鷽替え神事の日だ。年のはじめに木彫りウソを新しいウソに取り換え、前年の厄を嘘にして今年の吉に替える。この木彫りのウソの頬が赤いのは、オスの頬のほんのりピンク色を帯びた紅色から。「フィーフィー」と口笛のような軽やかな声で鳴き、秋から冬にかけて群になって針葉樹林から低地へ下りる様はとても美しい。

カササギ

Pica pica ／ Eurasian Magpie

【分類】スズメ目カラス科　【大きさ】46cm

大陸からやってきた吉兆のシンボル

2～3世紀頃の日本の様子が書かれた『魏志倭人伝』には「その地に牛、馬、虎、豹、羊、鵲無し」とある。最後の「鵲」はカササギのことで、中国大陸ではよく見られるこの鳥がいないことを、不思議に思ったのだろう。「サギ」というがカラスのなかまで、「カシャカシャ」と鳴くことから、「カチガラス」（＝勝ちガラス）ともよばれている。縁起が良いと、安土桃山時代に朝鮮半島からもたらされ定着した。日本では佐賀平野を中心とした九州北部にのみ生息しており、田園では冬から春にかけて、枝を積み重ねた大きな巣をあちこちで見ることができる。

1/9

【ジャマイカブルーマウンテンコーヒーの日】

キンイロツバメ

Tachycineta euchrysea ／ Golden Swallow
【分類】スズメ目ツバメ科 【大きさ】12cm

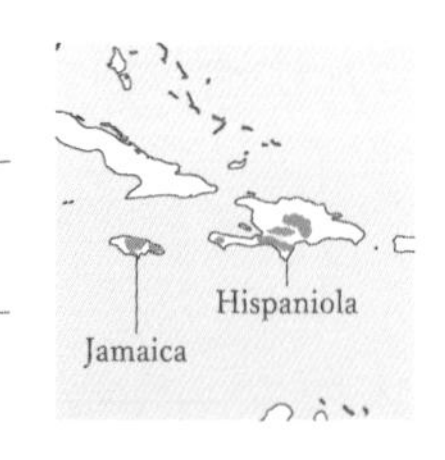

金色に輝く翼のツバメ

南北アメリカには、ミドリツバメという羽の色が青緑色の小さなツバメのグループがいる。このなかに緑色がかったブロンズ色に輝く玉虫色の羽をもつツバメが発見された。これがGolden Swallow、和名ではキンイロツバメとよばれている。ツバメは渡り鳥のイメージが強いが、キンイロツバメは渡りをしない留鳥。ジャマイカ島とハイチ、ドミニカのあるヒスパニューラ島にそれぞれ生息している。しかし、その名にふさわしいのは、ジャマイカにいる金属光沢のある亜種だけという貴重なツバメだ。

【メトロポリタン鉄道開通（イギリス）】

キクイタダキ

Regulus regulus ／ Goldcrest or Kinglet

【分類】スズメ目キクイタダキ科 【大きさ】10cm

花かんむりをかぶる日本一小さな鳥

体重わずか 5g の日本一小さな鳥。オスは黄色に赤の混じる冠羽、メスは黄色の冠羽があり、名前の由来になっている。興奮した時に冠羽を広げると、オスは黄色の中に赤い羽が混じりオレンジ色に見える。金の王冠を戴いているように見えることから、「小さな王(=kinglet)」ともよばれる。山地から高山の常緑針葉樹林に生息し、「ツリリリ、ツィー」と金属的な細い声で鳴きながら、細い葉の中を軽業師のように動きまわり、小さな虫やクモを食べる。地上に下りるのは水浴びのときくらい。冬は平地にもあらわれ、草の種や木の実も食べ、カラ類と混群にもなる。

【鏡開き】

タゲリ

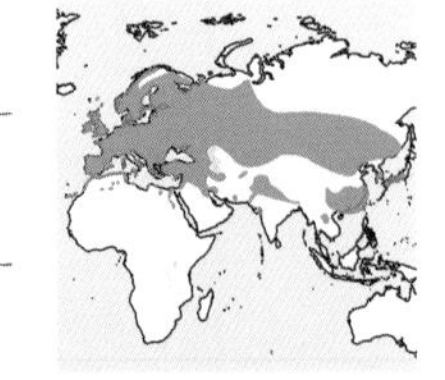

Vanellus vanellus ／ Northern Lapwing

【分類】チドリ目チドリ科　【大きさ】32cm

愛称は田んぼの貴婦人

長い冠羽、光沢のある緑の翼が鮮やかな大型のチドリ。日本には冬鳥として飛来し、群れで田んぼの刈り跡や畑、川原などですごす。びっくりすると「ミュー、ミャー」と子猫のような声で鳴いたかと思えば、いっせいに飛び立ち、ふわふわと飛んで安全な場所に下りる。ミミズや虫を探すときは、片足を小刻みにふるわせて地面をたたき、おどろいて出てきたところをとらえる知恵者だ。雑食性で草の種や貝なども食べる。北日本では旅鳥。繁殖地へ行き来する春と秋に見られ、関東や北陸地方では繁殖例がある。

【スキー記念日】

ユキホオジロ

Plectrophenax nivalis ／ Snow Bunting

【分類】スズメ目ツメナガホオジロ科 【大きさ】16cm

北国の人気者

ユキホオジロの名は英名の Snow Bunting の訳だが、英名を知らなくてもこの名前をつけたに違いない。北極圏のツンドラで子育てをして、日本には冬鳥として北海道や北日本にやって来る。北国のうっすらと雪の積もった原っぱで草の実をついばむ白いホオジロは、まさしく「雪頬白」がふさわしい。北国探鳥会ではバードウォッチャー憧れの小鳥。繁殖地のオスの夏羽は白と黒のツートンカラーだが、メスや日本で見られる冬の姿は茶色が混じる。その違いをぜひ肉眼で確かめてみてほしい。

1/13

【ピース記念日】

キバシリ

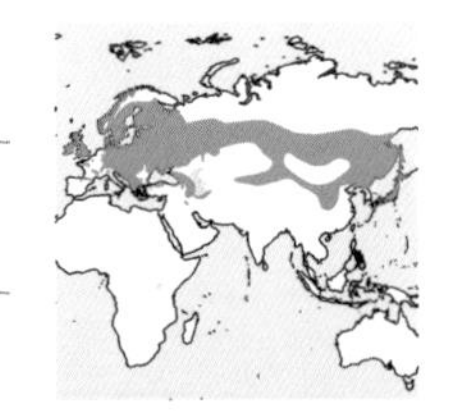

Certhia familiaris ／ Eurasian Treecreeper

【分類】スズメ目キバシリ科　【大きさ】14cm

木の幹に化ける小鳥

茶色と黄土色のまだら模様の羽は樹皮にそっくりで、驚いたときはじっと動かず、木に化けてカムフラージュ。硬い尾羽の先を幹に押しつけ体を支えながら、名前の通り木を走る姿は、さながら忍者のよう。木の幹に垂直に止まり、下に曲がったくちばしで樹皮についた虫、卵やさなぎ、クモなどを食べる。枯れ木の崩れたすき間に、走りまわって集めた木くずや苔をクモの糸で貼り合わせ巣をつくる。山地の森林に生息し、北海道では平地の林でも見られる。「ツリー」と細い声で鳴き、「チチチィー」と囀り、繊細で美しい声を長く出す。

ヒクイドリ

Casuarius casuarius ／ Australian Cassowary
【分類】ダチョウ目ヒクイドリ科　【大きさ】170cm

火を食べ尽くす巨鳥

オランダ船で運ばれた舶来の大鳥として、江戸時代には知られていた。江戸の見世物の錦絵に「駝鳥」として描かれているのはヒクイドリだ。火喰鳥の漢字があてられたのは、のどに垂れる２本の赤い肉垂れが火のように見えたからというのが第一の説。第二の説は英名のCassowaryをカショクと読み、火喰と漢字を合わせたというもの。鳥は砂肝に小石をためて消化を助けるが、石だけでなく山火事後の木の燃え殻も飲み込むという噂から火喰鳥となったというのが第三の説だ。小正月に行なわれる左義長火祭りの日には、第三の説がふさわしいかもしれない。

【ナショナルハットデー（アメリカ）】

ベニガシラヒメアオバト

Ptilinopus porphyreus ／ Pink-headed Fruit-dove
【分類】ハト目ハト科 【大きさ】29cm

ピンク帽子の謎のハト

頭から首にかけて紫色を帯びたピンク色で、まるで帽子をかぶったような姿はとっても華やか。ヒメアオバトのなかまは小型の緑色のハトで、Fruit-dove とよばれている（ハトは英名で大型のものを pigeon、小型のものを dove とよぶ）。このなかまは東南アジアからニューギニア、オーストラリアにかけて生息するカラフルな羽色のグループで、44 種が知られている。ベニガシラヒメアオバトはこのグループのなかで最も色鮮やかだ。ジャワ島とスマトラ島の山地の森林に生息し、生態はあまりわかっていない、やや謎めいた鳥だ。

ニジキジ

Lophophorus impejanus ／ Himalayan Monal
【分類】キジ目キジ科　【大きさ】72cm

七色に輝く美しい羽

七十二候で「雉始雊」にあたるこの頃、日も少しずつ伸びてきて、キジの「ケン」という声が河原や田畑で聞こえるようになる。七十二候発祥の中国にはさまざまな種類の美しいキジが生息しているが、なかでもネパールとの国境沿いにくらすニジキジは、雨上がりの空に架かる虹を彷彿とさせる金属光沢を帯びた七色の羽と、クジャクのような冠羽をもったとりわけ美しいキジだ。標高 2,100 ～ 4,500 mの高山のシャクナゲや竹林の混じる針葉樹森にくらし、地面に営巣するメスの茶色い羽は藪に溶け込みカムフラージュ効果を発揮する。

1/17

【おむすびの日】

マガモ

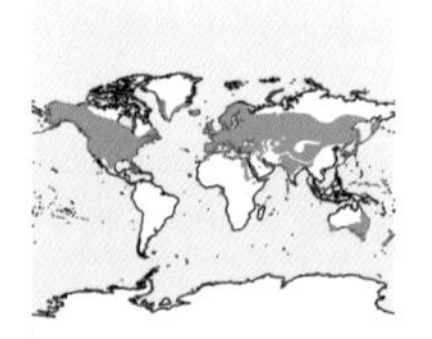

Anas platyrhynchos ／ Mallard

【分類】カモ目カモ科 【大きさ】59cm

アヒルはもともとこの鳥だった

代表的なカモ＝真鴨と命名され、池、湖沼、川、湾、沿岸に飛来する姿を各地で見ることができる。ベルベットのような緑光沢のある頭から、オスは青首ともよばれる。多くは冬鳥で、春にはシベリア南部に渡るが、少数が本州の高地や北海道の湿地で繁殖する。田んぼや水辺で落穂や種などの植物質を主に食べ、「グェグェ」とアヒルと同じような大きな声で鳴く。マガモを飼いならしたのがアヒルなので、祖先の鳴き声も同じだ。ちなみに合鴨農法で知られるアイガモは、アヒルとマガモを交配して野生っぽくしたアヒルだ。

【防犯の日】

ミヤマホオジロ

Emberiza elegans ／ Yellow-throated Bunting

【分類】スズメ目ホオジロ科　【大きさ】16cm

黄色い冠羽が素敵

冬鳥として全国で見られるが、西日本に多くいる。平地から山地の明るい林で見られることから「山地でくらすホオジロ」という意味の名前がつけられた。オスはのどと冠羽に鮮やかな黄色い羽がトレードマークで、東日本のバードウォッチャーにはあこがれのホオジロだ。小群で林のなかの開けた地面に下りたり、林縁の草地や畑、田んぼで木の実や草の種、落穂、虫などを食べる。春に繁殖地の朝鮮半島や東部シベリアのウスリー地方へ渡るが、長崎県対馬、広島県、島根県など西日本で繁殖したこともある。

【ポップコーンデー（アメリカ）】

ガーネットハチドリ

Lamprolaima rhami ／ Garnet-throated Hummingbird
【分類】ヨタカ目ハチドリ科　【大きさ】12cm

1月の誕生石の名前を冠す

目のさめるようなカラフルなハチドリ。のどには1月の誕生石、ガーネットが輝いている。ガーネット色ののどは日陰では黒く見えるが、陽光の角度により宝石の色がきらりとあらわれる。オスは光沢のある緑色で、頭頂部の輝きが強く、胸は紫色、腹部は黒い。一方メスの腹側は灰色だ。インガやエリスリナなどの花の蜜をホバリングしながら吸うときに、翼の鮮やかな濃いオレンジ色が美しく目立つ。標高の低い地域で営巣し、繁殖が終わると高い場所へ移動する。生息地では決して珍しいハチドリではなく、畑や庭の花壇にもよく訪れる。

シマエナガ

Aegithalos candatus japonicus / White-headed Long-tailed Tit

【分類】スズメ目エナガ科 【大きさ】14cm

愛称は「雪の妖精」

エナガは日本全国に生息する小鳥で、そのうち北海道にすんでいるのがシマエナガだ。エナガが顔にこげ茶色の太い眉線があるのに対し、シマエナガの顔は真っ白。近年人気の小鳥となったそのわけは、北海道の雪景色によく似合う、ころんとした体、白い顔面につぶらな黒目が醸しだす、あどけなさからだろうか。実はエナガは日本で一番くちばしの短い鳥。枝先で虫やクモ、木の実を食べ、春先には樹液を舐めることもある。平地から山地の林に生息し、木の多い公園でも見ることができる。繁殖期以外は小群で行動し、カラ類と混群になることもある。

1/21

【ハグの日】

オシドリ

Aix galericulata ／ Mandarin duck

【分類】カモ目カモ科　【大きさ】45cm

仲良し夫婦の代名詞

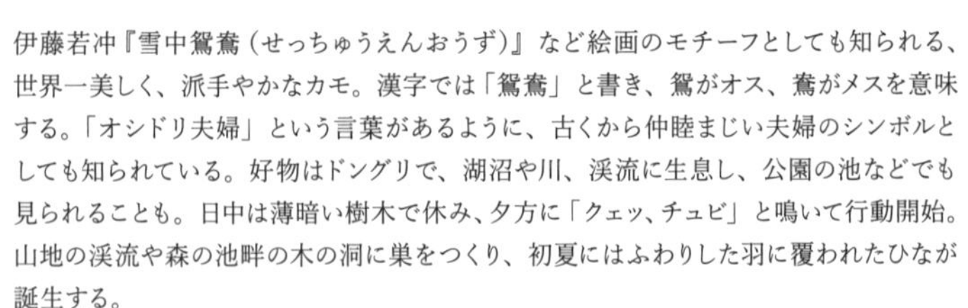

伊藤若冲『雪中鴛鴦（せっちゅうえんおうず）』など絵画のモチーフとしても知られる、世界一美しく、派手やかなカモ。漢字では「鴛鴦」と書き、鴛がオス、鴦がメスを意味する。「オシドリ夫婦」という言葉があるように、古くから仲睦まじい夫婦のシンボルとしても知られている。好物はドングリで、湖沼や川、渓流に生息し、公園の池などでも見られることも。日中は薄暗い樹木で休み、夕方に「クエッ、チュビ」と鳴いて行動開始。山地の渓流や森の池畔の木の洞に巣をつくり、初夏にはふわりした羽に覆われたひなが誕生する。

ツクシガモ

Tadorna tadorna ／ Common Shelduck

【分類】カモ目カモ科 【大きさ】63cm

カモの中では肉食系

有明海など九州北部の筑紫地方を中心に飛来することから、ツクシガモの名がついた。日本で見られるカモの中では大型で、羽の色が白っぽい美しいカモ。オスのくちばしは深紅、羽は白、茶色、深緑の三色で、採食時も飛翔時もよく目立つ。広い干潟にいることが多いが、河口や海岸近くの水田で見られることもある。干潮になると浅瀬や砂泥にくちばしをつっこんで左右に振りながら水生動物、海藻などのほか、カニやエビなどの甲殻類や貝も食べる肉食系な一面も。満潮になると、沖合いや残った陸地などで休息をとる。

1/23

【アーモンドの日】

ミノバト

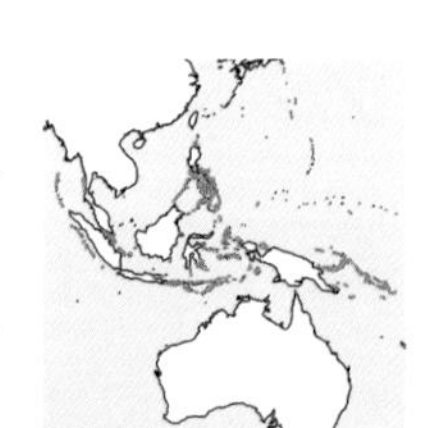

Caloenas nicobarica ／ Nicobar Pigeon

【分類】ハト目ハト科　【大きさ】35cm

輝く羽で飾り立てて

最も贅沢な羽のハト。首の周りは灰色を帯びた緑色の長い羽で、蓑のようにくるりと覆われ、その虹色に輝く羽からキンミノバトともよばれている。翼は金属のような光沢のある濃い緑色で、ちらりとのぞく白い尾羽がポイントだ。樹木に覆われた小さな島に生息し、マングローブ林から山麓の林にペアか小さな群れでくらしている。地面を歩きまわって草の種、木の実、野生のベリーなどを食べる。繁殖期にはより大きな群れで集まり、総勢1,000ペアにもなる群れも。渡り鳥ではないが島と島の間を自由に行き来する様子は、なんとも優雅。

オウゴンニワシドリ

Prionodura newtoniana ／ Golden Bowerbird

【分類】スズメ目ニワシドリ科 【大きさ】25cm

私の舞台へようこそ

金の日にふさわしい黄色のニワシドリ。黄色はオスで、メスは灰色だ。彼らがつくるのは巣ではなく、メスにアピールするための舞台。オウゴンニワシドリのオスは小枝を積み重ね、2m を超すメイポールとよばれる立派な塔を 2 棟つくる。さらには塔と塔の間の床には黄緑色の地衣類とクリーム色の花と木の実を敷きつめ、愛の舞台を飾り立てる。その巧みさは、庭師というよりもはや名建築家。灰色のメスをメイポールに誘いペアになり交尾を済ませると、メスは繁殖のためにカップ状の巣を別につくって卵を抱き、ひなを育てる。

1/25

【全国各地の天神社 鷽替え神事】

アカウソ

Pyrrhula pyrrhula rosacea ／ Oriental Bullfinch

【分類】スズメ目アトリ科 【大きさ】16cm

薄紅色のお腹が可愛い冬の渡り鳥

冬鳥として、シベリアから日本海を越えはるばるやって来る渡り鳥。オスは胸からお腹にかけての羽色がうっすらと赤みを帯びているので、日本では高山で繁殖するウソと見分けることができる。ちなみに同じウソでもヨーロッパのものはお腹が頬と同じくらい真っ赤で、羽色に地域差が出るのが面白い。1月24、25日は東京の湯島天神や亀戸天神社など、全国の天神社で「鷽替え神事」が行われる。各天神社の木彫りのウソはそれぞれに個性があるので、集めてみたり、お腹の赤いアカウソがいないか探してみては。

【インド共和国記念日】

インドクジャク

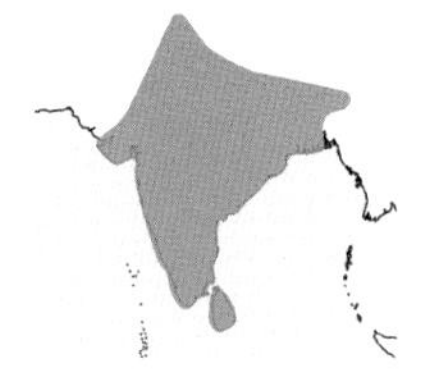

Pavo cristatus ／ Indian Peafowl
【分類】キジ目キジ科 【大きさ】♂ 230cm ♀ 100cm

その美しさは邪気をも払う

1月26日はインドの共和国記念日。インドクジャクは神聖な鳥、邪気を払う鳥といわれ、インドでは国鳥として大事にされている。日本には東南アジアのマクジャクが先に輸入され、江戸時代の絵画にも登場している。インドクジャクはそれより後に輸入されたが、飼育がしやすいこともあり、現在日本で飼われているクジャクは、ほとんどがインドクジャクだ。インドではマクジャクよりも明るい林や草地にくらし、市街地でも見られる。扇状に見事に開く羽は尾羽と間違えられるが、実は尾羽の上に生える上尾筒とよばれる羽で、いわゆる飾り羽。繁殖期である恋の季節の終わりとともに、毎年抜け替わる。

1/27

【国旗制定記念日】

ヒノマルチョウ

Frythrura psittacea ／ Red-throated Parrotfinch
【分類】スズメ目カエデチョウ科　【大きさ】10cm

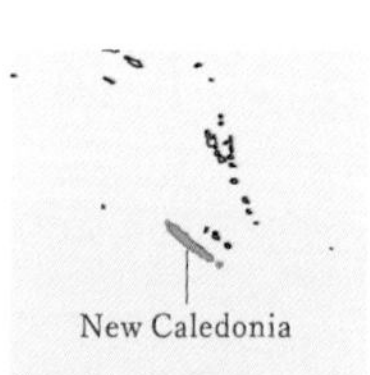

元気いっぱい日の丸顔

名前の由来は、可愛い色のこの顔。緑色の羽と赤い顔と尾羽とのコントラストが美しい小鳥だ。日本には大正時代に輸入され、飼い鳥として現在までその人気は衰えない。南太平洋のニューカレドニア島の固有種で、現地では林や近くの藪、畑などにカップルや家族でくらしている。家族の場合、多い時で 20 羽くらいのにぎやかな群れで生活することも。草の種や穀類を食べるほか、飛んでいる昆虫やシロアリをフライングキャッチして食べる機敏で活発な一面をもっている。

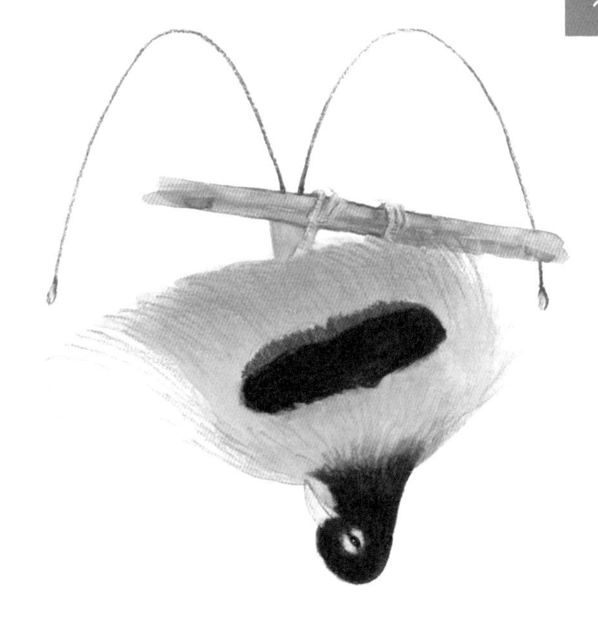

アオフウチョウ

Paradoxornis rudolphi ／ Blue Bird-of-paradise

【分類】スズメ目フウチョウ科 【大きさ】30cm

ダンスは逆さまにぶら下がって

鮮やかな青い羽のフウチョウで、華やかで奇妙なディスプレイダンスで知られる。フウチョウのなかまは、メスはオスに比べ地味なものが多いが、アオフウチョウはメスも青い翼と尾羽をもっていて鮮やか。オスは枝に逆さまにぶら下がり、レース状の青い翼を扇のように広げて体を震わせ、さらにはブザーのような声を震わせながらメスにアピールする。扇の真ん中には黒と赤のビロード状の楕円模様ができ、2本の細長い尾羽はダンスを踊ると細い冠羽のよう。一度見たら忘れない求愛ダンスを踊るフウチョウだ。

1/29

【昭和基地開設記念日】

マカロニペンギン

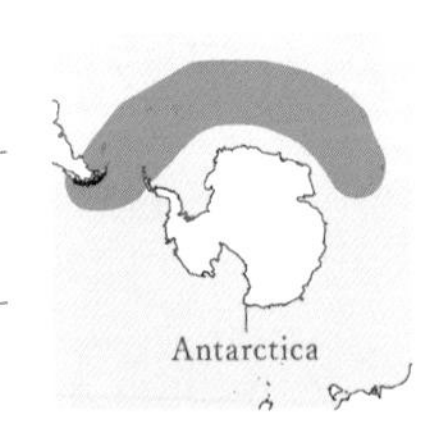

Eudyptes chrysolophus ／ Macaroni Penguin

【分類】ペンギン目ペンギン科　【大きさ】70cm

おしゃれな飾り羽のペンギン

パスタのマカロニのような見た目からこの名が付いた…わけではない。18 世紀のロンドンに「マカロニクラブ」というイタリア風のおしゃれなクラブがあり、イギリスでは「マカロニ」がおしゃれな人の代名詞だった。オレンジ色の飾り羽を頭にもつ「おしゃれ」なペンギンが、マカロニクラブの人々の間で流行した髪型を彷彿とさせたことから、マカロニペンギンの名がついた。つまり、ペンギン界一のおしゃれさん。南極海で最も多くみられ、南極半島と南米南端のドレーク海峡からアフリカ南端の喜望峰にかけての島々で繁殖している。

シロハラムクドリ

Cinnyricinclus leucogaster ／ Violet-backed Starling

【分類】スズメ目ムクドリ科　【大きさ】18cm

バイオレットスーツの洒落た鳥

「シロハラ」とはいうものの、注目すべきはメタリックに輝くその紫色だろう。アメジストムクドリやプラムカラームクドリともよばれることもあり、その紫と白のコントラストは太陽の下でよく映える。紫色の上体をもつのはオスで、メスは上体が褐色で、腹部は茶斑点のある鮮やかな白が特徴だ。サバンナの川沿いのオアシス林にくらし、果実や木の実が好物で、果樹のある林に通って採食する。樹洞に巣をつくり、巣材には草に混じって乾燥したゾウの糞を使うのが観察されている。ひなには果実だけでなく昆虫を運び、子育てをする。

1/31

【愛妻家の日】

メジロ

Zosterops japonicus ／ Japanese White-eye

【分類】スズメ目メジロ科 【大きさ】12cm

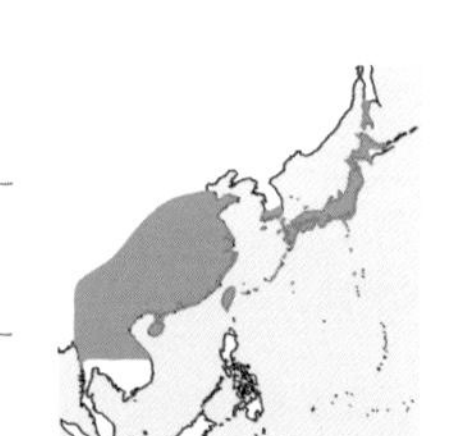

いつでもいっしょの愛妻鳥

春先にペアでいることが多い、愛妻家の日にぴったりの身近な小鳥。平地から山地の林に多く、公園や住宅地の庭にも飛んでくるので、見たことがある人も多いだろう。樹上で虫やクモ、花の蜜や花粉、果実を食べ、冬にはえさ台に飛んできてミカンやリンゴを食べ、ジュースを飲む。メスの食事中はオスがあたりを警戒し、交替で採食する姿が微笑ましい。低い木の枝に細い茎や苔などをクモの糸でくっつけて小さなカップ状の巣をつくり、オスメス交互に卵を抱いて孵す。「チー」と聞こえる高い声で鳴き、にぎやかに「チィチョチュイ」と早口で囀る。

2/1

【琉球王国建国記念の日】

アカヒゲ

Larvivora komadori ／ Ryukyu Robin

【分類】スズメ目ヒタキ科　【大きさ】14cm

ラベルの間違いが運命を決めた

日本の固有種で、沖縄本島や奄美大島などの南西諸島の森林が主な生息地。繁殖期のオスは「ヒーチヨチヨ」「ピヨピヨチョチョチュ」と変化に富んだ美しい声で囀り、メスを誘う。アカヒゲの学名が *komadori* なのには理由がある。江戸末期にヨーロッパに送られたアカヒゲとコマドリの標本のラベルが入れ違っていたため、誤った学名が命名されてしまったのだ。動物の学名は一度決めると変更できない決まりがあるため、以来ずっと間違ってたまま。ちなみに、よく似ているコマドリの学名は *akahige*。両者が本当の名前になる日はくるのだろうか？

エリマキシギ

Calidris pugnax ／ Ruff

【分類】チドリ目シギ科 【大きさ】♂ 32cm ♀ 25cm

目移りする色とりどりの襟巻き

2月2日はラムサール条約締結を記念した世界湿地の日であり、湿地でくらす生き物保全のきっかけになった日。エリマキシギはユーラシア北部の湿地で繁殖し、オーストラリアやアフリカの湿地で越冬する渡り鳥だ。日本では旅鳥として秋と春に干潟や田んぼ訪れる姿を見ることができる。オスの繁殖羽は首回りの羽がゴージャスな毛皮のマフラーのように伸び、その色は個体差が激しく、赤、白、黒、斑などさまざまな襟巻きが揃いぶみ。オスは色とりどりの襟巻きを、われこそはと広げて求愛ディスプレイ。競うようにメスにアピールする。

アオガラ

Cyanistes caeruleus ／ Eurasian Blue Tit
【分類】スズメ目シジュウカラ科　【大きさ】11cm

ヨーロッパの青と黄色のシジュウカラ

シジュウカラのなかまで、10gほどの小さな体に鮮やかな色合いが特徴。明るい青色の背、頭、尾羽に、黄色の腹部と、コントラストが美しく愛らしい。繁殖期がはじまると、オスは波形を描いて空を飛び、翼を伸ばして勢いよく滑空する独特のディスプレイを繰り返してメスにアピール。つがいになると木の穴に巣をつくり、メスが卵を抱いて温める。ひなが孵るとオスの出番。オスがえさの虫を熱心に巣に運び、ペアで協力して子育てをする。春から初夏の繁殖期はペアで過ごし、夏にはひなが産まれて家族が増え、秋から冬は群れになって集団でくらす。

セイロンヤケイ

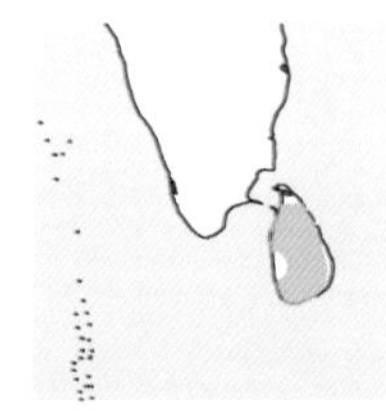

Gallus lafayettii ／ Sri Lanka Junglefowl
【分類】キジ目キジ科　【大きさ】♂ 70cm　♀ 35cm

炎の鶏冠をもった野生のニワトリ

野生のニワトリである野鶏 4 種のうち、スリランカの固有種であり国鳥。オスの炎のような、中心の黄色い真っ赤な鶏冠が実に鮮やかだ。オスは黒い筋のある黄色と赤褐色の上体に、翼と尾羽は青い光沢のある紫色で鮮やかに目立つ。鳴き声も変わっており「クラック、ジョイ、ジョイス」と繰り返す。一方メスはオスより小さく、地面に営巣するため、卵を抱く際の保護色になる茶褐色の羽に覆われている。スリランカの海岸の藪から山地のジャングルまで広く分布し、森林保護区などで見ることができる。

【プロ野球の日】

アオカケス

Cyanocitta cristata ／ Blue Jay
【分類】スズメ目カラス科　【大きさ】28cm

ものまね上手のかしこい鳥

カナダ南東部トロントの大リーグ野球チーム、ブルージェイズのシンボルになっている、北米ではよく知られた鳥だ。名前の通り青っぽい鳥で、英名のJayは鳴き声に由来する。学名の*cristata*は冠を意味し、興奮したときは冠羽を立てて、「ジェイジェイ」と甲高く鳴き騒ぎ、なかまへの警戒の信号になっている。身を守るため、アカオノスリなどの鳴き声をまねるのも得意なかしこい鳥。森林に生息するが、公園など人の生活圏にも出てくる。繁殖期以外は小さな家族群でくらし、繁殖期はペアで営巣し、夫婦が協力してひなを育てる。

【ワイタンギ・デー（ニュージーランド建国記念日）】

キーウィ

Apteryx australis ／ Southern Brown Kiwi
【分類】ダチョウ目キーウィ科　【大きさ】60cm

飛べないけれど、鼻は利く

キーウィはニュージーランドの国鳥で、飛べない、嗅覚が発達しているなど形態も生態もユニークな鳥だ。キーウィと聞けば真っ先に果実を思い浮かべる人も多いだろう。鳥と果実、どちらが先に名づけられたのか。答えは鳥が先。果物のキウイは1906年に中国からニュージーランドに輸入されたオオサルナシの実を改良してつくられた、比較的新しい果物。鳥のキーウィは「キー・ウィー」という鳴き声から先住民マオリが名づけた。キウイは鳥のキーウィに形が似ていることから、後からつけられた。

ヤツガシラ

Upupa epops ／ Common Hoopoe
【分類】サイチョウ目ヤツガシラ科　【大きさ】26cm

ここぞと開く８つの冠

驚いたり興奮したときにぶわっと広がるエキゾチックな配色の冠羽が８つの冠に見えるので、「ヤツガシラ」の名がつけられた。アジア、ヨーロッパからアフリカに広く分布し、日本では春の渡りのときに見られる迷鳥だったが、20 世紀の終わり頃、突然に長野県で繁殖したことがある。地面を長いくちばしでほじくり、幼虫やミミズなどを探す。長野県での繁殖時は、大きなイモ虫をくわえて巣に向かって飛ぶ姿が観察され、翼と尾羽の目立つ白黒模様を見せてふわふわと飛ぶ印象的な姿を見せた。

軍鶏（シャモ）

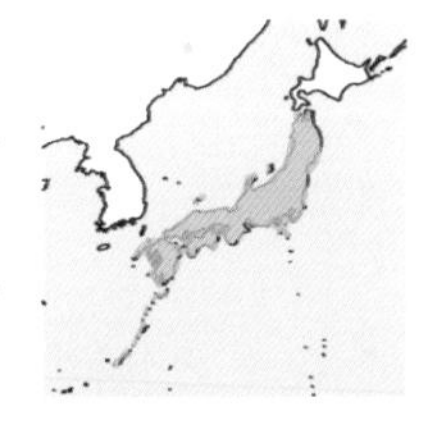

Gallus gallus domesticus ／ Shamo

【分類】キジ目キジ科　【大きさ】♂ 1000~6000g　♀ 800~4900g

闘志も味も太鼓判

徳川時代にシャム、現在のタイから南蛮船によってもたらされた鶏を基につくられたとされる。しかし12世紀の鳥獣戯画にはすでにシャモのような鶏が描かれており、さらに昔からいたとも考えられる。闘争心が強く「軍鶏」の字の通り闘鶏用でありながら、味も良く、江戸時代から軍鶏鍋は庶民の味として愛されてきた。シャモと地鶏の雑種は「しゃも落とし」と呼び、肉用に用いられ、現在も闘争性を弱めた交雑種づくりが各地で行われている。一般的な鶏肉になるブロイラーなど、肉付きのよく成長の速い鶏の改良にも外国で使われている。

コウライウグイス

Oriolus chinensis ／ Black-naped Oriole

【分類】スズメ目コウライウグイス科　【大きさ】26cm

黄色い羽の美声の持ち主

七十二候の「黄鴬睍睆」は日本ではこの頃にあたり、日が伸びてくるとウグイスが囀りはじめるとされている。黄鴬とは、七十二候の本家、中国では全身が黄色いコウライウグイスのこと。中国からインドまで広く分布し、日本ではまれに渡ってくる旅鳥だが、過去に埼玉県で繁殖したことも。あたりを警戒している時は「ニャオニャオ」と猫のような声で鳴く。囀りは口笛のようなやわらかい美声で、ウグイスという名前がつくだけのことはある。中国や東南アジアでは、鳴き声とともに鮮やかな姿を楽しむ飼い鳥として人気がある。

【海の安全祈念日】

コオリガモ

Clangula hyemalis ／ Long-tailed Duck
【分類】カモ目カモ科　【大きさ】♂ 60cm　♀ 38cm

氷の海がよく似合う

北極圏で繁殖し、北日本の沿岸に飛来するカモ。日本で見られるのは冬羽の姿で、北海道の沿岸海上や沖合に多く、港や内湾で見られることもある。オスは白黒に、メスは翼などが茶系統に見える。オスも繁殖地ではメスのような羽色になるが、英名の由来となっている細く長い尾羽は残る。水に潜って貝や甲殻類を食べるが、潜水時にこの尾羽が水面にピンと垂直に立ち、水滴が美しく放物線を描く。氷が解けた春の海では、数羽のオスが１羽のメスを追い「アォアォナ」と特徴のある声で鳴いてディスプレイをする姿を見ることができる。

【文化勲章制定記念日】

アメシストハチドリ

Calliphlox amethystina / Amethyst Woodstar

【分類】ヨタカ目ハチドリ科　【大きさ】6cm

誕生石をあしらった首飾り

小さなハチドリで、濃い緑がかったブロンズ色の背と両脇に白斑をもち、腹には灰緑色のまだらがある。オスののどは2月の誕生石、アメシストが鮮やかに輝き、首回りは白い襟のように見える。メスののどは白く、緑色のまだら模様。腹は淡いオレンジ色で、尾羽はオスより短く黒い帯の先端は淡い。短くまっすぐなくちばしで森の低層から中層に生えるいろいろな草木から蜜をとり、時に可愛らしい姿とは裏腹に、空中で昆虫をサッと狩る。巣は植物性のやわらかい巣材を使った小さなカップ型で、茂みや樹の奥に隠れるようにしてつくる。

オウギバト

Goura victoria ／ Victoria Crowned-Pigeon
【分類】ハト目ハト科 【大きさ】74cm

レースの冠をつけた最大のハト

世界最大のハトであるカンムリバト3種のうちの一つ。身近にいるドバトやカワラバトの倍ほどの大きさで、体重は10倍もある。きめ細やかなレースのような冠羽の羽1枚1枚の先に白い縁取りがあり、扇状に美しく目立つことから、この和名がついた。オスとメスは同じ羽色だ。ニューギニア北部のジャングルに生息し、日中は地上にいることが多く、小さな群れで歩きまわっては落ちている果実や木の実、種を食べてくらしている。樹上に小枝を積んで営巣し、1卵を産んで抱卵。ひなが産まれると、夫婦で協力しながら仲良く子育てを行う。

トサカレンカク

Irediparra gallinacea ／ Comb-crested Jacana

【分類】チドリ目レンカク科　【大きさ】♂ 22cm　♀ 25cm

頼りになるのは、お父さん

鮮やかな水鳥で、頭に冠のような深紅のとさかをもつ。水草の上を歩き、あたかも水の上を軽やかに歩いているよう。これは、身体に対してアンバランスにも見える細くて長い足指と爪のおかげだ。ハスやスイレンの繁茂する沼、池、緩やかな流れの川でくらし、家族は一妻多夫制。メスの方が大型で、複数のオスのなわばりをまわって巣に卵を産む。一方、卵を抱いてひなを孵し、子育てを行うのはオスの役目。メスはオスが連れているひなを順番に面倒を見る。子育てにフルコミットなオス、なんとも頼もしい限りだ。

サヨナキドリ

Luscinia megarhynchos ／ Common Nightigale
【分類】スズメ目ヒタキ科 【大きさ】17cm

ヨーロッパ随一の歌い手

サヨナキドリよりもナイチンゲールとよんだ方が、バレンタインデーの愛の鳥にふさわしいだろうか。紀元前、アリストテレスがすでに歌い手としての才能を誉めたたえていたといわれている。声のやわらかさと美しさ、音域の広さ、鳴き方のうまさでは、ヨーロッパ随一だ。ヨーロッパで繁殖し、アフリカで越冬する渡り鳥。「小夜鳴鳥」の字から夜に鳴く鳥と思われがちだが、春から初夏の繁殖期は昼間も囀る。しかしやはり、静まりかえった夜の静寂（しじま）で聞くほうが魅惑的だ。

ライチョウ

Lagopus muta ／ Rock Ptarmigan
【分類】キジ目ライチョウ科 【大きさ】36cm

氷河期を生き抜いてきた

北極圏を中心に北半球の高緯度地域に広く分布するが、日本アルプスにいるニホンライチョウは世界で最も南にすむライチョウだ。高山のハイマツ帯に生息し、春はペア、夏は家族群、秋から冬は群れで、とくらし方が変化する。朝夕や雷の鳴るような天気の悪いときにハイマツの茂みから出てくることと、繁殖期のオスの「ゴアーガァオー」と雷鳴を彷彿とさせるしわがれた声から雷鳥の名がついた。氷河期の生き残りとされ、特別天然記念物に指定・保護されているが、地球温暖化などで生息域の縮小が心配されている。

コキンチョウ

Chloebia gouldiae ／ Gouldian Finch

【分類】スズメ目カエデチョウ科　【大きさ】15cm

野生にしてこの鮮やかさ

赤、黄、紫に緑。パレットに出した絵の具をすべて身にまとったような鮮やかさ。驚くのは、この絵の黒、赤、黄の顔色はすべて野生種ということ。飼い鳥としても人気で、野生種よりもさらに多様な羽色の品種がつくられている。野生種は希少種のため輸入はできない。明るい林の草原に群れでくらし、草の種が主食。簡単につくった皿状の巣に5つほど卵を産み、昼間はペアで卵を温める。夜はメスが卵を抱き、オスは敵がいないかと周囲を見回り、巣を守る。一方、飼い鳥の繁殖には子育ての上手なジュウシマツを仮母にし、抱卵を任せることが多い。

レンジャクバト

Ocyphaps lophotes ／ Crested Pigeon
【分類】ハト目ハト科 【大きさ】35cm

丁寧なおじぎで愛を示す

細長く先の尖ったまっすぐに伸びる黒い冠羽をもち、翼に紫色と緑色の金属光沢のある羽をもつ美しいハト。全体に明るい羽色で、目とアイリング、足は赤いポイントカラーが入っている。明るくまばらに木の生える草地が本来の生息環境だが、都会の公園や農地、道端などでも見ることができる。5～6羽の小さな群れで地上を「ホポー・クウクウ」と鳴きながら歩きまわり、草の種や若葉、昆虫を食べる。オスは尾羽を跳ね上げ扇のように開き、おじぎをするように頭を下げるディスプレイをしてメスにアピールする。

【エアメールの日】

ハチクイモドキ

Momotus momota ／ Amazonian Motmot

【分類】ブッポウソウ目ハチクイモドキ科　【大きさ】40cm

チクタクチクタク振り子を振って

姿がハチクイに似ていることから、この名がついた。ハチクイと同じく飛んでいる虫をとるが、トカゲやカタツムリ、小鳥なども鎌状のくちばしで捕らえる。中南米に生息し、英語やスペイン語ではモトモトという楽しい名前がついている。さらにこの鳥はチクタク鳥という愛称をもち、枝に止まってラケットのような中央２本の長い尾羽を時計の振り子のように振る習性がある。実はこの尾羽、最初からこの形をしているわけではない。羽繕いの時に上の尾羽を丹念に手入れしながら羽軸を落として、自分で振り子状に作り変えている。

【プロレスの日】

オオワシ

Haliaeetus pelagicus ／ Steller's Sea-eagle

【分類】タカ目タカ科　【大きさ】♂ 88cm　♀ 102cm

日本で最も大きなワシ

遠目には白黒のツートンカラーに見える美しいワシ。「グワッグワッ」という大きな声で鳴き、日本にいるワシのなかでは一番大きく、肩、尾羽、足の羽が白いのが特徴。ライバルのオジロワシに比べ大型で肩が白く、大きなオレンジ色のくちばしから見分けられる。北海道を中心に北日本の海岸で多く見られるが、湖など内陸にも飛来する。知床半島では早朝に谷間の集団ねぐらを飛び立ち、漁港で陸揚げされる魚の落ちこぼれを食べに集まり、流氷にもよく止まっている。春になると繁殖地のカムチャツカ半島など、オホーツク海沿岸へと帰っていく。

【愛するペットの日（アメリカ）】

オカメインコ

Nymphicus hollandicus ／ Cockatiel

【分類】インコ目オウム科　【大きさ】33cm

ものまね上手な人気者

小型でスリムな体形からインコとよばれているが、実はオウムのなかま。おとなしく友好的、社交的で、飼い鳥として人気も高い。よく繁殖し、メスとオス共同で抱卵し、ひなを育てる。オウム科だけあって、1羽で飼っていると飼い主の言葉をよく覚える。そんな姿も可愛らしい。野生種はオーストラリアの内陸部に広く分布する。乾燥地の川沿いの林に群れでくらし、草地や畑にも出てくる。地面に落ちている草の種を食べ、トウモロコシやヒマワリの茎に止まって種を食べることもある。

ヒレンジャク

Bombycilla japonica ／ Japanese Waxwing

【分類】スズメ目レンジャク科　【大きさ】18cm

ヤドリギと共生するちゃっかり者

日本が代表的な越冬地なので、学名も英名も日本の名が使われている。平地から山地の林に飛来し、ヤドリギが寄生する木に集まる。ヒレンジャクはこのヤドリギの実が大好物だ。体内で消化されなかったヤドリギの種子は、糞とともにネバネバの粘液に包まれて排出される。この糞が垂れ下がり、枝に張りつくことで、ヤドリギが発芽し成長していく。こうしてヤドリギの種の散布を手伝い、自分たちの食べ物も確保するwin-winの関係だ。よく似た姿のキレンジャクとともに行動することも多く、市街地の公園でもその姿を見かけることがある。

2/22

【ナイルの日】

ナイルチドリ

Pluvianus aegyptius ／ Egyptian Plover

【分類】チドリ目ナイルチドリ科 【大きさ】20cm

胸元の模様は「U」の由来

名前の通り、ナイル川の上流域に生息している。現在のエジプトには分布していないが、古代エジプトでは由緒正しい鳥で、ファラオの遺跡にも象形文字としてよく描かれている。一説によると、アルファベットの「U」はナイルチドリを正面から見た時に見える胸元の黒いＵの模様が由来となったとされている。またの名をワニチドリといい、ワニの口の中を掃除する鳥として知られているが、実際にそのような姿は確認されてはおらず、口を開けて日光浴をしているワニの口の向こう側でえさをついばむ姿の見間違いという説が有力だ。

【ガイアナ建国記念日】

ツメバケイ

Opisthocomus hoazin / Hoatzin

【分類】ツメバケイ目ツメバケイ科　【大きさ】70cm

鳥界で唯一無二の菜食主義者

熱帯雨林の国、南米ガイアナの国鳥であり、1万種もいる世界の鳥のなかで、ひなのうちから木の葉だけを食べて生きる唯一の鳥だ。その不思議な生態の秘密は、素嚢（そのう）という体の器官にある。通常、鳥の素嚢は食物を一時的に蓄えるためのものだが、ツメバケイはその大きな嗉のうに木の葉を栄養に変える微生物がすみ、消化することができるという驚きの生態をもっている。また、名前の由来となっている翼に生える爪はひなにだけ備わっていて、この爪は始祖鳥の翼の爪の使い方に通じる、特別なものと考えられている。

【クロスカントリーの日】

コゲラ

Picoides kizuki ／ Japanese Pygmy Woodpecker
【分類】キツツキ目キツツキ科　【大きさ】15cm

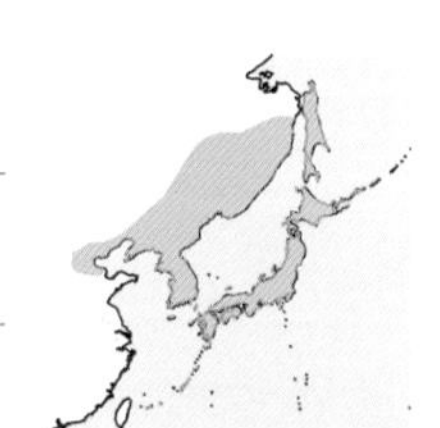

日本一小さなキツツキ

日本一小さなキツツキで、近年は都会の公園でも見られるようになった。ほかのキツツキと同じように、木の幹を登ってはえさの虫やクモを探し、木の実も食べる。河原の枯れたアシや細い枯草の間にも入り、えさを探す。これは体の小さなコゲラだからできる技。小さい体を存分に活かして生活している。単独かペアでくらし、冬季はカラ類の群れにも混じることもある。枯れ木に穴を開けて巣をつくり、木をたたいてドラミングをし、「ギィー、キッキッキキキ」と鳴く。

【夕刊紙の日】

ムラサキフタオハチドリ

Aglaiocercus coelestis ／ Violet-tailed Sylph

【分類】ヨタカ目ハチドリ科　【大きさ】♂ 21cm　♀ 10cm

紫尾羽のダンディーなハチドリ

すらりと伸びた紫色の尾羽が鮮やかな鳥。オスは両外側に伸びる長く太い2本の尾羽と腰にかけて、輝くような紫色だ。メスも紫色の尾羽を持つが、先端にかけて緑色で、外側2本の尾羽の先だけ白くなっているのが特徴だ。一方、正面からの姿は、のど元が青と緑の2系統があり、地域ですみ分けている。大好物は花の蜜。短くまっすぐなくちばしで蜜を吸う。さまざまな場所を飛び回り地面に近い花を探すことが多いが、好みの花の開花期に合わせ、移動することも。お気に入りのインガやエリスリナの花のためなら、高木の上部までも訪れる。

2/26

【おとぎ話を語る日（アメリカ）】

ナナイロメキシコインコ

Aratinga jandaya ／ Jandaya Parakeet

【分類】インコ目インコ科　【大きさ】30cm

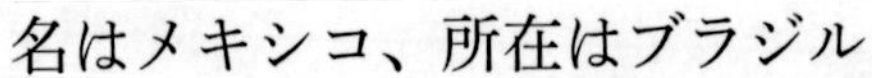

名はメキシコ、所在はブラジル

おとぎ話の世界から出てきたような黄金色、オレンジ、緑、青のカラフルな羽がまぶしいインコ。名前に入っている「ナナイロ」と「インコ」は真実だが、「メキシコ」は実はうそ。メキシコインコというグループの一種で、本来の生息地はアマゾン川南側のブラジルのまばらに木の生える林。時に林と隣接する農地やココナッツ農園にも出てきて、好物のマンゴーなどの果実やトウモロコシのなどの穀類も食べてくらしている。自然の樹洞やキツツキの使い古しの巣をリユースして営巣する、エコな気質をもっている。

【ナショナルストロベリーデー（アメリカ）】

ワープーアオバト

Megaloprepia magnifica ／ Wompoo Fruit-dove

【分類】ハト目ハト科　【大きさ】45㎝

カラフルな体に魅惑の低音ボイス

「アオバト」とつくハトはみな緑色が基調で、一方、青色のハトは「ルリバト」とよばれる。とはいえワープーアオバトは上体こそ緑色だが、帯状に入る黄色に、のどからお腹にかけては紫色、お尻は黄金色、頭は灰白色でくちばしは先がオレンジ色、根元は赤色と、目のさめるような色で、大型なので存在感がある。主食は果実で、50 種以上の果実やベリーを食べることが観察されている。熱帯雨林に１羽かペアでくらし、高い木の梢で「ウォーク・アー・ウー」と低く響く声で鳴く。抱卵は昼間はオスが担当し、夜はメスに交替。心強いツーオペ体制だ。

2/28

【平和記念日（台湾）】

ゴシキドリ

Psilopogon nuchalis ／ Taiwan Barbet

【分類】キツツキ目ゴシキドリ科　【大きさ】21cm

ヒゲをたくわえた派手顔

顔の部分にご注目。緑色の体に、顔は黄、青、赤、黒と計５色の羽がそろい「五色鳥＝ゴシキドリ」と名づけられた。台湾の固有種で、常緑樹林でくらし、果樹園や公園など実のなる木のある場所で見られる。親戚筋にあたるキツツキと同様に足指は前後２本ずつ。足は頑丈で短く、大きな頭でずんぐりとして見えるが、意外と引き締まった体だ。よく見ると口とあごの周りは剛毛が生えている。木の幹をよじ登り、先のとがった円錐形の頑丈なくちばしで、果実、木の実、昆虫をついばむ。

ハクガン

Anser caerulescens ／ Snow Goose

【分類】カモ目カモ科 【大きさ】70cm

残雪と見紛う美しさ

徳川家の鷹狩の最良の獲物は、この真っ白な雁、ハクガンだった。明治初期までは冬鳥として東京湾に群れが見られ、「美しい残雪のよう」と讃えられたほど。その後、日本には一冬に1～2羽が飛来する程度に減少し、渡りは途絶えていた。ロシアの繁殖地ではマガンにハクガンの卵を抱かせるなど復活が試みられ、その甲斐もあり21世紀に入って100年ぶりに渡りが復活。2021年時点で1,500羽が日本で冬をすごすようになった。今は北日本でのみ越冬しているが、いずれ江戸時代のように東京湾でも姿が見られるようになるに違いない。

サイチョウ

Buceros rhinoceros ／ Rhinoceros Hornbill

【分類】サイチョウ目サイチョウ科　【大きさ】90cm

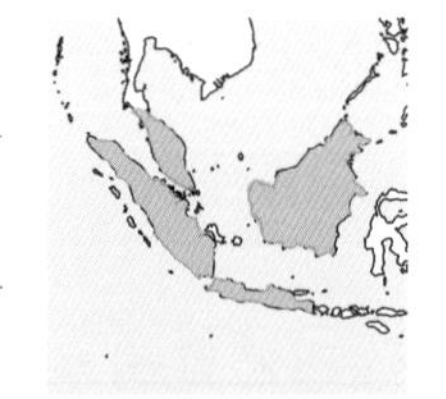

大きなツノがトレードマーク

3月1日はサイチョウの日。このユニークな鳥、絶滅の危機にある鳥を知ってもらうための日だ。サイチョウのなかまは熱帯アジア、アフリカに60種ほどが知られている。その代表が、その名もサイチョウ。サイの角をもったくちばしという英名が和名の由来になった。トレードマークのくちばしはオスの方がメスより大きく、サイの角のように先がぐいっと上を向いている。大きな樹洞に巣をつくるが、巣になる大木が減ったことで繁殖環境が悪化。そのため、大きな人工の巣箱を森に設置して、繁殖を助ける試みが行われている。

ハゴロモガラス

Agelaius phoeniceus ／ Red-winged Blackbird

【分類】スズメ目ムクドリモドキ科　【大きさ】23cm

赤い肩章の黒い鳥

全身が真っ黒なためカラスの名がついてしまったが、実はアメリカ大陸の鳥、ムクドリモドキのなかま。両肩の赤と黄色の羽が肩章のようで、よく目立つ。オスは翼を広げ、自慢の肩章を見せびらかすようにメスにディスプレイをし、ライバルのオスを威嚇する。湿地の草原に巣をつくり、茶系統の地味な羽色のメスが営巣から抱卵、子育てを一手に引き受ける。ハゴロモガラスの夫婦は一夫多妻制でオスも子育てを手伝うが、早く孵化した巣のひなにより熱心にえさを運ぶ傾向がある。

【世界野生生物の日】

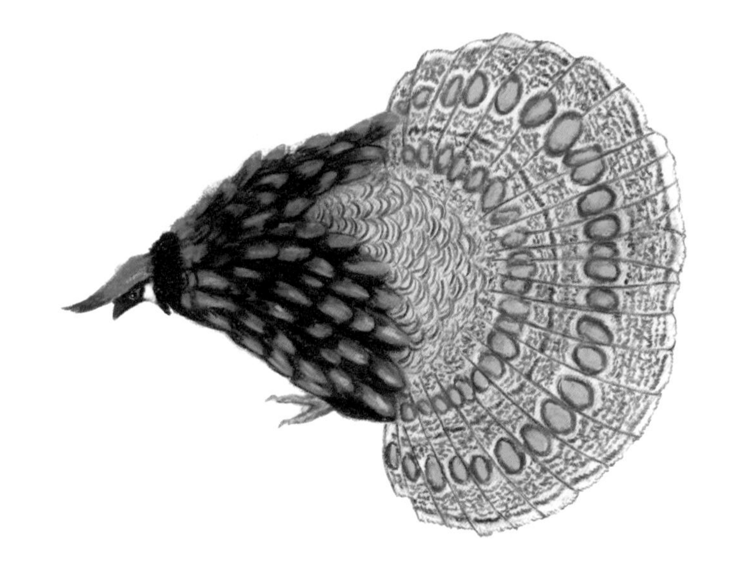

パラワンコクジャク

Polyplectron napoleonis ／ Palawan Peacock-pheasant

【分類】キジ目キジ科　【大きさ】♂ 50cm　♀ 40cm

クジャクのようでクジャクでない

羽を広げた姿は小さなクジャクのよう。パラワンコクジャクは青く金属光沢のある羽をもち、尾羽と翼には、クジャクとそっくりな青緑色にきらりと輝く目玉のような模様がある。ただし、クジャクがディスプレイで開くのは上尾筒で、コクジャクが広げるのは尾羽と翼。オスはこの羽をより大きく見えるように体を横向きにしながら、ずんずんとメスに迫る。この愛のダンスは真正面に羽を広げるクジャクよりキンケイの踊り方に似ていて、系統的にも近縁。生態を知れば知るほどクジャクではない「コクジャク」なのだ。

コブハクチョウ

Cygnus olor ／ Mute Swan

【分類】カモ目カモ科　【大きさ】150cm

強くて固い家族の絆

ヨーロッパ原産のハクチョウ。繁殖期はなわばりに入ってくるライバルだけでなく、人間をも攻撃的に追い払う。ひなのときは「みにくいアヒルの子」さながらの灰色の羽毛に包まれているが、両親に大事に育てられ、成鳥になると美しい白色になる。家族の絆は強く、一夫一妻性で一生を添い遂げるペアも珍しくない。日本にはヨーロッパの輸入された子孫が野生化してくらしており、各地の湖沼や河川でペアか小群を見ることができる。北海道のウトナイ湖で繁殖しているものは、寒さ厳しい冬になると本州の霞ヶ浦や北浦への渡りをしている。

3/5

【サンゴの日】

ノドジロルリインコ

Vini peruviana ／ Blue Lorikeet

【分類】インコ目インコ科　【大きさ】14cm

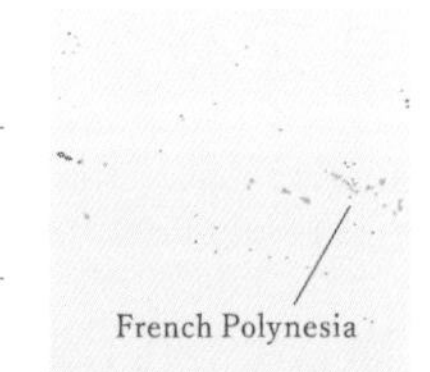

タヒチの青い不思議なインコ

ポリネシアのソシエテ諸島やクック諸島に生息し、タヒチインコともよばれているが、タヒチ島ではすでに絶滅している。喉から頬の白と翼の黒を除くと全身が紫がかった藍色に包まれていて、緑や赤系統の羽色が多いインコのなかまとしてはかなり特異な存在だ。森林に生息していたが、森がバナナやココナッツのプランテーションになった後も環境にうまく対応してくらしている。島の在来の植物だけでなく、人々が植えたハイビスカス、マンゴー、バナナ、ココナッツなどの花の蜜も吸い、花粉を舐め、バナナやマンゴーの実も食べる。

ホオジロ

Emberiza cioides ／ Siberian Meadow Bunting

【分類】スズメ目ホオジロ科　【大きさ】17cm

聞きなし豊富な身近な小鳥

日本各地の平地から山地に生息し、人里近くでもよく目につく。そのため、昔から多くの「聞きなし」がある。聞きなしとは、鳥の囀りや鳴き声を人の言葉に置き換えて聞いて楽しむこと。ホオジロの「チョッピーチュルルピピピロピー」という囀りは、「一筆啓上仕り候」「源平つつじ、白つつじ」「札幌ラーメン、味噌ラーメン」など、さまざまな言葉で表現されている。春から初夏のオスは梢や電線など見晴らしの良い場所に止まり、盛んに囀ってはなわばりを主張する。どんな言葉に聞こえるか、耳を傾けてみて。

【尾長鶏 天然記念物に指定】

尾長鶏（オナガドリ）

Gallus gallus domesticus ／ Onagadori

【分類】キジ目キジ科 【大きさ】♂ 1800g ♀ 1350g

日本が誇る高貴な鶏

世界に誇る代表的な日本鶏であり、国の特別天然記念物。見事な尾羽は、なんと生涯一度も生え変わらない。羽を傷つけないよう、飼育に細心の注意が払われるのも納得だ。江戸時代に土佐でつくられた鶏で、土佐藩主、山内侯の大名行列の先頭を行く槍の鞘飾りに長い尾羽が使われていたものの、その存在は藩のトップシークレットとされ、尾長鶏が世間に知れたのは江戸後期になってからという。天保年間に 3m だった尾羽は品種改良を重ね、戦後にはなんと 10m に達し、ギネス記録にも認定された。

エボシコクジャク

Polyplectron malacense ／ Malay Peacock-pheasant
【分類】キジ目キジ科　【大きさ】♂ 50cm　♀ 40cm

愛妻家で子煩悩なリーゼントダディ

オスはリーゼントのような頭の前側に伸びる冠羽をもつ。ディスプレイのときは雰囲気をガラリとチェンジ。まずは冠羽をモヒカン刈りのように縦一列に立てて広げる。そしてエメラルドグリーンの目玉模様を散りばめた長い尾羽と翼を大きく扇状に広げ、美しさをアピール。とどめの求愛給餌でメスのハートをつかむ。落ち葉の上に卵を１つ産み、落ち葉色のメスが抱卵。どこに巣らしきものがあるかもわからないほど、うまくカムフラージュする。オスはメスの近くにいて周囲を見回り、ひなが孵るといっしょに子育てをする、優しいロックンローラーだ。

【ナショナルヒーローズ＆ベネファクターズデー（ベリーズ）】

サンショクキムネオオハシ

Ramphastos sulfuratus ／ Keel-billed Toucan

【分類】キツツキ目オオハシ科 【大きさ】50cm

目にも鮮やかなカラフルなくちばし

上下のくちばしの灰色の模様が骨のように並んでいるので、船底の骨組である竜骨を意味する Keel-billed という英名がついているが、Rainbow-billed Toucan という別名をもつ。和名の３色よりカラフルで５色までは見つけられるが、７色には足りないようだ。いずれにせよ鳥のなかでもっとも明るい色彩豊かなくちばしだ。オスとメスの仲は良く、オスはメスに果実などを求愛給餌する。樹洞に営巣し、オスとメスが交替で卵を温める。生まれたひなへは果実や木の実だけでなく、昆虫などの給餌もペアで行う。

サトウチョウ

Loriculus galgulus ／ Blue-crowned Hanging-parrot
【分類】インコ目インコ科　【大きさ】12cm

飼われていても野生は忘れない

わずか25gほどしかない小さなインコ。森の木々の上の方で群れてくらしている。普段は枝の上に止まって休むが、寝るときは足で枝をつかんで逆さまにぶら下がる。その姿はまるでコウモリのようだ。細い枝先で眠れば、木の葉にカムフラージュされ、外敵の目をくらますのにぴったりだ。そんなサバイバルに優れたサトウチョウは、飼い鳥としても知られている。新聞紙などを細くひき裂き羽にはさんで巣箱に運ぶ行動は、野生でくらしていた時に木の洞に巣材を胸や背の羽にはさんで運んでいたことを忘れていない証拠だ。

【パンダ発見の日】

ミコアイサ

Mergus albellus / Smew

【分類】カモ目カモ科 【大きさ】42cm

その色合いはまるでパンダ

白い羽と目の周りの黒い隈取り模様から「パンダガモ」の愛称で親しまれている。アイサとよばれるカモは、ウのような細長く先が鉤型に曲がったくちばしをもっているのが特徴だ。歯のようなくちばしの小さな突起で潜水して捕らえた魚は、つかんで離さない。小群で水面を活発に動きまわり、潜水しては魚や貝、エビ、カエル、水生昆虫などを食べる。川、湖沼など淡水域に飛来し、日本では皇居のお堀でも観察できる。春に繁殖地のシベリアに渡るが、少数が北海道北部に点在する沼周辺の林の樹洞に巣をつくり繁殖する。

ホオカザリハチドリ

South America

Lophornis ornatus ／ Tufted Coquette
【分類】ヨタカ目ハチドリ科 【大きさ】7cm

チャームポイントは頬飾り

小型のハチドリで、オスはとがったオレンジ色の冠羽と、襟首はオレンジ色のドット柄の長い羽の頬飾りがなんとも洒落ている。全身はオリーブ色で、額とのどはきらきら光る緑色、腰に白い帯、尾羽の両側にオレンジと、色とりどり。広い地域を飛びまわって採餌し、ゆっくりと宙に浮くマルハナバチのような飛行をする。大型のハチドリのなわばりに忍びこんだり、背の低い小さな花を訪れたり。季節による移動も行い、小さな体でトリニダード島から700km以上離れたベネズエラまで悠々と移動することもある。

【お父さんの日（毎月13日）】

レンカク

Hydrophasianus chirurgus ／ Pheasant-tailed Jacana
【分類】チドリ目レンカク科　【大きさ】55cm

優雅に睡蓮の上を歩く

一妻多夫制の珍しい鳥。10羽ものオスとそれぞれペアになるメスもいる。オスの営巣する巣にそれぞれ産卵し、抱卵も子育てもオス任せ。メスはもっぱらなわばり防衛に専念する。一妻多夫の鳥はメスの方が大きく綺麗なのが一般的だが、レンカクはあまり見た目の差はなく、1羽だけの場合、性別の判定は難しい。ハスやスイレンの茂る熱帯アジアの湿地で繁殖し、日本には迷鳥としてまれに飛来する。特徴的なのは長い足指。スレインの葉の上をスイスイ歩く姿から、リリートロッター（リリー＝スイレン、トロッター＝速歩馬）とよばれることもある。

シロチドリ

Charadrius alexandrinus ／ Kentish Plover

【分類】チドリ目チドリ科　【大きさ】17cm

松の廊下に描かれた浜千鳥

かつて江戸城には、松を背景に浜千鳥の遊ぶ砂浜が描かれた襖のある「松の廊下」とよばれる廊下があった。3月14日は、ここで赤穂浪士の討ち入りの発端となる、浅野内匠頭長矩（あさのたくみのかみながのり）が吉良上野介義央（きらこうずけのすけよしひさ）を斬りつける刃傷沙汰のあった日。シロチドリは海岸の砂浜や埋立地、干潟、河口で、砂地のくぼみに貝殻などを敷いて巣をつくってくらす、海の鳥。干潮になれば砂地一面に降り立ち、ゴカイ、貝、カニなどを食べる。「ピュル、ピュル」と鳴き、繁殖期は「ピルルルルル」と続ける鳴き方に変わる。冬は群れになり、北日本のものは関東以南の暖地に移動する。

【オリーブの日】

テンニョインコ

Polytelis alexandrae ／ Princess Parrot
【分類】インコ目インコ科　【大きさ】45cm

インコ界のお姫様

全体に淡いオリーブ色で、翼に黄緑と青い羽をもち、喉はピンク、頭は水色にうっすらと彩られている。くちばしは先が黄色いピンクがかった赤色。そのやわらかで淡い色合いを見れば、英名に Princess、和名に天女とつけられたこともうなずける。オーストラリア内陸の砂漠のような乾燥地に生える棘植物の藪にくらし、草の実や棘植物の実を食べている。巣は川に沿ったユーカリの木の洞。穴の多い大木に 10 数ペアが集まり、小さな集団で繁殖している。

【財務の日】

ショクヨウアナツバメ

Aerodramus fuciphagus ／ Edible-nest Swiftlet

【分類】ヨタカ目アマツバメ科　【大きさ】12cm

美食家に選ばれし巣をつくる

中華街の乾物屋で見かけるツバメの巣。高級食材「燕窩（えんか）」として、驚くような値段で売られている。このような食用になるのは、洞窟の壁に海藻と唾液を混ぜてつくられている、東南アジア沿岸に生息するアナツバメのなかまの巣だけ。日本の軒下でよく見かけるツバメの巣は泥とわら屑でつくられ、とても食べられる物ではない。近年は人工の洞窟をつくり、アナツバメをよびこんで営巣させることで、市場に多く出回るようになった。といっても使用中の巣をとるわけではなく、管理のもと、ヒナが巣立ち空になった巣を採取するので、ご心配なく。

【セントパトリックスデー（アイルランド）】

ミヤコドリ

Haematopus ostralegus ／ Eurasian Oystercatcher
【分類】チドリ目ミヤコドリ科 【大きさ】45cm

カキ殻開けはお手のもの

北ヨーロッパでは海辺の公園などでも見られる普通種で、アイルランドでは国鳥だ。日本ではまれな冬鳥だったが、近年飛来数が増加。干潟、河口、海岸の砂浜や岩場で小群を見つけることができる。くちばしは先がマイナスドライバーのようで、二枚貝や牡蠣の殻をこじ開けるのにベストな仕様。英名の Oyster は、そんな食生活が由来だ。「キリッー、キュビー」と飛び立つときや、飛びながら大きな声で鳴く。ちなみに伊勢物語で在原業平が詠んだ「都鳥」は、ミヤコドリではなくユリカモメのこと。こちらは東京都の鳥に指定されている。

ヤマセミ

Ceryle lugubris ／ Greater Pied Kingfisher

【分類】ブッポウソウ目カワセミ科　【大きさ】38cm

立派な冠羽の大きなカワセミ

頭の上に立派な冠羽をもち、羽は白と黒のまだら模様なので鹿の子翡翠（かのこしょうびん）ともよばれ、山地の渓流や湖沼でくらしている。ペアか１羽でなわばりをつくり、「キャラキャラ」「ケレッ」と鳴きながら、水面に沿ってふわふわと飛ぶ。決まったえさ場の枝や岩に止まって魚の動きをじっと見張り、急降下やホバリングをして、豪快に水中に突っ込んで魚をとる。川岸に面した土壁に横穴を掘って巣をつくり、オスとメスが共同で卵を抱くが、オスの方が長く抱き、夜もオスが抱卵するなど、子育てに対する意識の高さがうかがえる。

【ハーバーブリッジ開橋（オーストラリア）】

ゴシキセイガイインコ

Trichoglossus moluccanus ／ Rainbow Lorikeet

【分類】インコ目インコ科　【大きさ】28cm

見事な虹色の大群

オーストラリアの観光パンフレットでよく見かける、えさ台や手の上にわらわらと群がってえさを食べる色鮮やかなインコが、ゴシキセイガイインコ。漢字では「五色青海鸚哥」と書き、青、緑、黄、赤、オレンジ色と、5色の羽は目にも鮮やか。英名通りの虹色のインコだ。花が好きでユーカリなどの花の咲いている木に集まって、蜜を吸い、花粉を舐め、つぼみや花びらをムシャムシャと食べる。さらには木の実、種、果樹園や農地では果実や穀類など、いろいろなものを食べてくらしている。

スズメ

Passer montanus ／ Eurasian Tree Sparrow
【分類】スズメ目スズメ科 【大きさ】14cm

一歩ずつは歩けない

「舌切り雀」をはじめ昔話にも頻繁に登場し、日本でもっともなじみのある鳥といってもいいだろう。都会や町、田んぼや畑、川原など、人のいるところには必ずと言っていいほど見られる。人のいない高山や深い森林にはいないが、山小屋や人家ができるとすぐにすみつく。繁殖期以外は群れになって、竹やぶなどに「雀のお宿」とよばれる集団のねぐらをつくり、くらしている。「チュンチュン」と鳴きながら、両足をそろえてピュンピョンと跳んで地面を移動する姿を思い浮かべるが、スズメは一歩一歩足を交互に出して歩けないのが、最大の特徴だ。

【家禽の日（アメリカ）】

ホロホロチョウ

Numida meleagris ／ Guineafowl

【分類】キジ目ホロホロチョウ科　【大きさ】60cm

ほろほろ涙の神話の鳥

紀元前2400年頃のピラミッドの壁画に描かれており、古代ギリシャ・ローマ時代から家禽として飼われてきた鳥で、日本には「ポルポラアト鳥」の名で、江戸時代・文政2年に輸入されている。学名の *meleagris* は、ギリシャ神話に登場する英雄メレアグロスの姉妹の名前だ。メレアグロスの突然の死を悲しむあまり、姉妹がこの鳥に姿を変えたと伝わる。羽の白い水玉模様は彼女らの流した涙といわれている。家禽としての歴史は長いが、アフリカのサバンナでは現在も野生種のカブトホロホロチョウが生息している。

キジ

Phasianus versicolor ／ Green Pheasant

【分類】キジ目キジ科　【大きさ】♂ 80cm　♀ 60cm

名実ともに日本代表

1947年3月22日、日本鳥学会はキジを国鳥に選定した。タンチョウやヤマドリと争ったが、桃太郎の家来として勇気の象徴であり「焼野の雉（きじ）」は母性愛の深さをあらわすということで、日本人に身近な鳥としてキジに軍配があがった。繁殖期のオスはなわばりで「ケッケーッ」と鳴き、杭や土手の高みでブルルルと音をたて、翼を羽ばたかせて母衣打ちをする。この習性が「けんもほろろ」の由来だ。朝キジが鳴けば雨、大声で鳴けば地震が近いと、鳴き声さえも天気予報、地震予知にと日本人にとって切っても切れない関係の鳥だ。

3/23

【世界気象デー】

ベニマシコ

Carpodacus sibiricus ／ Long-tailed Rosefinch

【分類】スズメ目アトリ科　【大きさ】15cm

お猿のような赤い鳥

赤い小鳥のことを猿子（ましこ）という。お猿の顔とお尻のイメージから、赤い羽の小鳥たちにつけられた。猿子の代表といえるベニマシコは、北海道と青森県下北半島の木がまばらに生えた草原や湿原、低木林で繁殖している。繁殖期のオスは「チュルチルチー」と囀り、ペアになると低い枝と枯れ草でカップ状の巣をつくる。冬は南に渡り、小群で林縁や藪を「フィッフィッ」と鳴きながら、虫や種、木の実を探して移動する。冬のオスは一転、羽色はベージュがかったおとなしい色に。春になると羽先が擦り切れ、内側の紅色があらわれ鮮やかな猿子に戻る。

【恩師の日】

アマサギ

Bubulcus ibis ／ Cattle Egret

【分類】ペリカン目サギ科　【大きさ】50cm

アフリカ発、グローバルに活動中

アマサギの由来は、「飴色のサギ」や、冬羽の白から「亜麻色」の夏羽に変身するからなど諸説あり。原産地アフリカではゾウやカバの後をつけ、飛びだしたバッタを食べていたのが、20世紀には南米に渡り、全世界の熱帯から温帯地域に分布を広げ、今度は牧場のウシにつきまとうようになったことが、英名の由来になった。ちなみにに近年はトラクターを追いかけて、時代や場所に合わせ、生きる術もアップデートしているようだ。日本では田んぼ、草地、湿地などで自らも歩きながら、虫やカエル、ミミズを追いだして捕らえている。

【ギリシャ独立記念日】

コキンメフクロウ

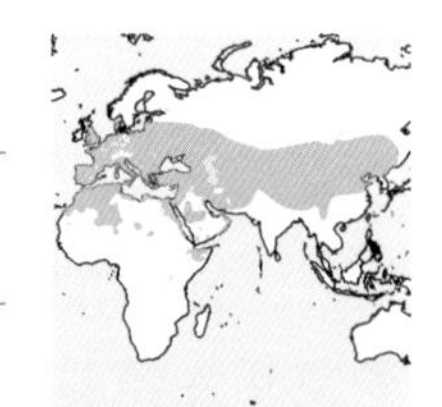

Athene noctua ／ Little Owl

【分類】フクロウ目フクロウ科　【大きさ】22cm

知の女神アテーナーの使い

美しい金色の目をした小さなフクロウ。学名の*Athene*はギリシャ神話の知の女神、アテーナーの使いと信じられてきたことからつけられた。古代ギリシャの硬貨にもアテーナーとコキンメフクロウがそれぞれ裏と表に刻まれている。知恵、芸術、農業を司る聖なる鳥として崇められ、さらにはネズミ、バッタ、スズメなどを飛びながら捕獲するので農民にとってはとても有り難い存在だったという。いにしえの時代から大事にされてきたギリシャでは、国鳥に指定されている。

ムラサキカザリドリ

Xipholena punicea ／ Pompadour Cotinga
【分類】スズメ目カザリドリ科　【大きさ】20cm

紫羽のフライキャッチャー

カザリドリのなかまは、それぞれ全身が白い羽、緑色の羽、瑠璃色の羽、赤い羽など派手な羽をもち、中南米に70種ほどが生息している。この鳥はアマゾン川流域のジャングルの高い樹木の上部でくらす、カザリドリの一種。名前の通りの美しい紫色の羽の持ち主はオスで、色はカロテン色素によるもの。一方メスは全身が灰色の羽で覆われている。オスは高い枝から短いディスプレイ飛行をして、メスにアピール。木の実や果実も食べるが、樹冠の枝で待ち構え、飛んでくるシロアリやハアリを器用にフライングキャッチして食べることができる。

【さくらの日】

コザクラインコ

Agapornis roseicollis ／ Rosy-faced Lovebird
【分類】インコ目インコ科　【大きさ】17cm

夫婦仲の良いラブバード

ラブバードとよばれるコザクラインコのなかまは、つがいの仲がよく、休むときも２羽でぴたりと寄り添う姿が印象的だ。コザクラの名前は桜色の頬が由来。それが英名では、バラ色の頬、となっている。野生のコザクラインコは緑色。草や細長く裂いた木の皮などを自分の腰の青い羽毛に器用にはさんで巣に運ぶ。ペットとしても人気があり、色々なカラーバリエーションの品種がつくられている。飼っているコザクラインコが紙を足で押えてくちばしで細くちぎり、腰の羽毛にはさんで巣箱に運びはじめたら、巣づくりの開始の合図だ。

【グリーンツーリズムの日】

ウグイス

Horornis diphone ／ Japanese Bush-warbler

【分類】スズメ目ウグイス科　【大きさ】15cm

鳴き声にも方言がある？

「ホーホケキョ」の声を聞くと春が来たとだれもが嬉しくなる。春告鳥や花見鳥ともよばれ、春の鳥の代表と言ってもいいだろう。藪のある林や草原にくらし、冬は低地に下り、都会の公園や住宅地でも見ることができる。笹鳴きとよばれる地鳴きは「ジャッジャッ」「チャチャ」と聞こえ、繁殖期のオスは「ホーホケキョ」と美しい声で囀る。ちなみにウグイスにも方言がある。小笠原諸島のウグイスの鳴き声は「ジーチャン」。100 年ほど前にハワイに移入されたウグイスは「ホーホピッ」で「キョ」まで鳴かない。

3/29

【レモンシフォンケーキデー（アメリカ）】

ニョオウインコ

Guaruba guarouba ／ Golden Parakeet

【分類】インコ目インコ科　【大きさ】35cm

女王の風格漂う姿

漢字では「女王音呼」と書き、堂々たる見た目と美しさから女王の風格があると、この名がつけられた。緑色の翼以外は全身が輝くようなレモンイエローの羽に覆われたインコだ。アマゾン川下流域のジャングルに生息し、川沿いの林や草地にもあらわれる。果実や花が主食だが、トウモロコシ畑やマンゴー農園に飛来し、えさを探すこともある。ペアで高い木の樹洞に営巣し、ご近所さんと協力して行うユニークな子育てをしている。独身の若鳥がヘルパーとして子育てを手伝い、数ペアのひなを皆で一緒に育てる姿が観察されている。

【七十二候「鶏始乳（にわとりはじめてとやにつく）」】

矮鶏（チャボ）

Gallus gallus domesticus ／ Chabo

【分類】キジ目キジ科　【大きさ】♂ 700g　♀ 600g

今も鳥屋（とや）につく愛玩鶏

七十二候の「鶏始乳」とは、鶏が鳥屋につき抱卵をはじめること。現代は産卵鶏も肉用鶏も孵卵器でひなを誕生させるため雌鶏が卵を抱くことはないが、今も卵を抱く鳥本来の習性をもっているのがチャボだ。江戸時代、町人文化の華やかな頃には愛玩鶏として盛んに飼われ、寛政年間の「長崎見聞録」には様々なチャボの絵とともに長崎からオランダ船で輸出されたと記されている。欧米では家禽に積出港名をつけるので、チャボは「ナガサキ」の名でよばれていた。今では欧米やタイにはチャボクラブがありCHABOの名で通用している。

【オーケストラの日】

マヒワ

Spinus spinus / Eurasian Siskin

【分類】スズメ目アトリ科　【大きさ】12cm

魔法で身を消す黄色い小鳥

冬鳥として秋から春にかけて林、草原、川原で「チュイーン」「ジュイーン」とにぎやかに鳴き群れている姿を目にする黄色い小鳥。草の種やハンノキ、カバノキ、ヒノキなど小さな木の実が好物だ。ドイツの古い伝説では、繁殖期のマヒワは透明になる魔法を使うといわれている。北の繁殖地に渡ったり、ペアになり森で営巣をはじめたりして、騒がしかった群れがある日突然見えなくなったことから語られるようになったのだろう。日本では春に繁殖地のシベリアへ渡るが、北海道や本州の高山の針葉樹林で少数が繁殖している。

アオゲラ

Picus awokera ／ Japanese Woodpecker

【分類】キツツキ目キツツキ科 【大きさ】29cm

日本にしかいない緑のキツツキ

漢字で書くと「緑啄木鳥」。日本では古来、緑色も「青」といったこと、キツツキのなかまは「○○ケラ」とよばれることからこの名がついた。数少ない日本固有種で、本州以南の平地から山地の林にすみ、都会の公園でサクラなどに営巣することもある。「キョキョ」と鳴き、飛び立つときに「ケケケ」と大きな声を出す。繁殖期にはペアで「ピョーピョー」と口笛のように愛を鳴き交わし、くちばしで木の幹をドドドド…とたたくドラミングで縄張りを主張。樹木に穴をあけ虫を引っ張りだして食べるほか、秋から冬には果実や木の実も好んで食べる。

タカヘ

Porphyrio hochstetteri ／ South Island Takahe

【分類】ツル目クイナ科　【大きさ】64cm

二度の復活を遂げた奇跡の鳥

4月はニュージーランドでは、タカヘに会いに行くことが推奨されている啓蒙月間だ。もともと肉食哺乳類のいなかったニュージーランドだが、ヨーロッパ人によってイヌ、ネコ、オコジョなどが持ち込まれてから、多くの固有種が絶滅。19世紀の中頃に発見された飛べない鳥タカヘも、1850年には絶滅したとされた。しかし1879年に再発見。これが最後の一羽となり再び絶滅した。ところがタカヘの生存を信じていた医師により、1948年に再々度発見され、なんと30個もの巣が見つかった。現在その地域は、保護区として管理されている。

ナナイロフウキンチョウ

Tangara chilensis ／ Paradise Tanager
【分類】スズメ目フウキンチョウ科　【大きさ】12cm

見たことのないポップな色合い

中南米に約400種が生息するフウキンチョウ。和名はオルガンを意味する「風琴」からつけられた。色彩豊かな鳥が多いフウキンチョウのなかでも、ナナイロフウキンチョウはひときわ華やかな彩り。黄緑、紅色、金色、水色、紫、青緑色、黒の7色の羽は、英名でParadiseとつくのも納得の鮮やかさだ。アマゾンからアンデスの山麓の森林でくらし、樹冠部でフウキンチョウのなかまと混群でいることも。雑食性で果実や種、小さな昆虫やクモなどを円錐形に尖っているくちばしでとって食べる。

ツバメ

Hirundo rustica ／ Barn Swallow

【分類】スズメ目ツバメ科　【大きさ】17cm

人々のくらしと縁深い幸運の鳥

「燕が巣をかけるとその家は繁栄する」と、昔から親しまれ、田畑の上を飛び交い農作物の害虫を食べることから、人々に大事にされてきた。また、低気圧が近づくと出てくる虫を目がけて低く飛ぶことから、「燕が低く飛べば雨近し」といい、確率の高い天気予報士としても重宝されていた。春から初夏の頃までペアでくらし、泥でつくった皿型の巣をつくる。ひなが巣立った後もう一度卵を産み、1年で2回繁殖するペアもいる。早口で「チュビー、ツピー」という鳴き声には、「虫食って土食ってしぶーい」という有名な聞きなしがある。

メグロ

Apalopteron familiare ／ Bonin White-eye

【分類】スズメ目メジロ科　【大きさ】14cm

姿が見られるのは小笠原諸島だけ

小笠原諸島にしかいない日本固有種で、母島の平地から山地の林にだけ生息している。その名の通り、目の周りにシャープな三角形の黒斑があるが、よく見ると内側にはメジロと同じ白いアイリングがある。かつてはミツスイ科に分類されていたが、DNA解析により晴れてメジロ科の一員になった。茂みや地上で虫やクモ、シマグワ、パパイヤなどの実を食べる。移入種のメジロと混群になることもあり、人家周辺ではメジロが、薄暗い林内ではメグロが多く見られる。「フィーヨ、チュイチュイチュルチュル」とよく鳴くので、耳を澄まして探してみて。

シロフクロウ

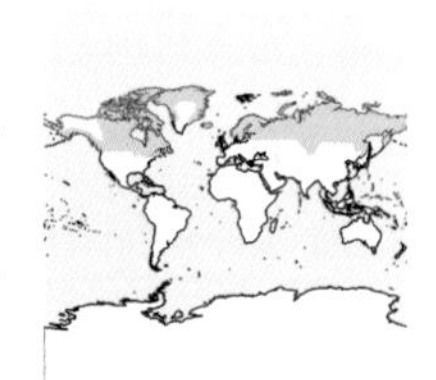

Bubo scandiacus ／ Snowy Owl

【分類】フクロウ目フクロウ科　【大きさ】♂ 60cm　♀ 70cm

北極の白いフクロウ

1909 年 4 月 6 日は人類がはじめて北極点へ到達した日。そんな極限の大地、北極圏のツンドラ地帯にくらす大型の白いフクロウだ。ペアか単独で小高い止まり場から優れた視力と聴力ででなわばりを見張り、夏の白夜の下では昼間も活動する、珍しい昼行性のフクロウでもある。ツンドラにすむレミングという野ネズミが主食で、レミングが多く見られる年はシロフクロウもたくさんのひなを養うことができ、反対にレミングが少ない年は、シロフクロウの繁殖率も下がるといわれている。冬は南に移動することもあり、北海道でも時々観察されている。

【タイヤゲージの日】

クルマサカオウム

Cacatua leadbeateri ／ Major Mitchell's Cockatoo
【分類】インコ目オウム科　【大きさ】35cm

カラフルな車輪の冠羽を広げて

白とピンクの羽をもつ美しくキュートなオウム。冠羽は根元から白、赤、黄、赤、白の順の鮮やかな帯となり、広げると車輪のように見えることがこの名の由来。乾燥した茂みのある川沿いの林に生息し、群れで地面を歩いて、木の実、種、球根を食べる。繁殖期になるとペアで毎年使う巣穴に営巣。ひなは巣立つと、周辺で巣立った同士で集まり、群れで行動するようになる。可愛らしい見た目に反して性格は攻撃的な一面もあり、オーストラリアで一番大きな猛禽、オナガイヌワシの巨大な巣の底に穴をあけて巣づくりした大胆なペアも観察されている。

シロビタイハチクイ

Merops bullockoides ／ White-fronted Bee-eater
【分類】ブッポウソウ目ハチクイ科　【大きさ】23cm

究極のフライングキャッチャー

真っ黒なアイマスクは、真っ白な額とのどにはさまれ、その黒さがより引き立つ。90% 以上のハチクイがハチを主食にしているなか、シロビタイハチクイは幅広い昆虫を食べる。見通しの良い枝に止まり周囲を観察。飛んでいる昆虫を見つけると、素早く飛び立ってフライングキャッチ。地面に下りて虫をとることはないため、ハチ、トンボ、ガガンボ、チョウ、コガネムシ、バッタ、セミなどを鋭いくちばしで見事に捕まえる。くちばしは巣づくりでも活躍。崖や土手に穴を掘って巣をつくり、同じ崖に親戚たちも集まって集団で協力しあってくらしている。

サカツラガン

Anser cygnoid ／ Swan Goose
【分類】カモ目カモ科　【大きさ】90cm

粋な名前をもらったガチョウの祖先

「鴻雁北」とは「冬を越していた鴻雁が北の繁殖地へ帰る」という意味。七十二候の一つで、毎年４月９～13日頃を指す。「鴻」とは中国ではハクチョウを意味し、「鴻雁」は大型のサカツラガンのこと。現在は日本ではなく中国南部で越冬し、４月上旬に中国北部やモンゴルの繁殖地に帰る。桜色をした頬から、「酒面雁」という粋な和名がついた。このほろ酔いの雁を飼いならし家禽化した鳥が、鼻の上に瘤のあるシナガチョウ。食用のほかに、警戒心が強くよく鳴くため、番犬代わりに飼われている。

4/10

【兄弟姉妹の日】

ジュウシマツ

Lonchura striata ／ Common Finch
【分類】スズメ目カエデチョウ科 【大きさ】12cm

肩を寄せ合う仲良し家族

漢字では「十姉妹」と書くように、家族仲が良くフレンドリーな小鳥で Society Finch というもう一つの英名ももっている。江戸時代に台湾から東南アジアに生息するコシジロキンパラを改良して日本でつくられた。飼いやすくよく繁殖するため、世界中の子どもや初心者だけでなく専門家にとっても大事な小鳥だ。飼い鳥の専門家はジュウシマツを仮親にして繁殖の難しい高級なフィンチ系の鳥を殖やし、研究者は社会性やコミュニケーションの研究対象として役立てている。飼い鳥の世界に貢献してきた、賞賛されるべき小鳥だ。

【ACアダプターの日】

オオキンカチョウ

Stagonopleura guttata ／ Diamond Firetail

【分類】スズメ目カエデチョウ科 【大きさ】12cm

ダイヤモンドを散りばめて

英名は、4月の誕生石、ダイヤモンドが散りばめられたような脇羽の白銀色に輝く斑点と、尾羽の上の上尾筒の深い炎を思わす赤色が由来だ。原産地のオーストラリアでは明るいユーカリ林のや藪にくらし、公園や住宅の庭に置いたえさ台にもしばしばやってくる。秋になると300羽以上の大群になり、地面に生えた草やハーブの種をついばむ。飼い鳥として人気のキンカチョウに似ているが、少し大型で丸々としている。日本ではその美しさから、高価な飼い鳥として希少価値が高い。

【世界宇宙飛行の日】

カタカケフウチョウ

Lophorina superba ／ Superb Bird-of-paradise
【分類】スズメ目フウチョウ科 【大きさ】26cm

これは鳥か宇宙人か

オスのディスプレイ姿はじつに奇妙。頭の後ろから上半身を覆うケープのような黒い肩羽をメスの前で円盤状に広げ、メタリックグリーンの胸元の羽を真横に伸ばすと笑ったような口があらわれる。丸くなった冠羽は怪しく光る目のようだ。その姿はまるで宇宙人。宇宙人はくちばしを空に向けビシッ、パシィと音を立て、クリーム色の口の中をメスに見せつけアピール。地味な羽色のメスの前に立ちふさがる様子は、未知との遭遇を果たす映画のワンシーンのよう。直訳すると「超極楽鳥」だが、その名前も伊達ではないと思わされる風貌だ。

ソリハシセイタカシギ

Recurvirostra avosetta ／ Pied Avocet

【分類】チドリ目セイタカシギ科 【大きさ】43cm

バードウォッチャーからの熱い視線

くいっと上側に反った独特な形の長細いくちばしに、すらりと伸びた長い脚。白黒のツートンカラーの全身はとっても優雅。日本ではなかなか見られない冬鳥・旅鳥で、干潟に飛来すればバードウォッチャーが集まる人気の鳥だ。目を凝らすと、くちばしを泥の中に入れて左右に振りながら歩き、1cm 前後の小さなエビやカニ、魚や水生昆虫を捕らえて食べる姿が見られる。湿地ぐらしに適応し、足指には水かきがあるため泥の上も沈まずに歩く。フランスやスペインの繁殖地では１万羽ほどの繁殖群がいて、冬季はアフリカに渡って越冬している。

オレンジハナドリ

Dicaeum trigonostigma ／ Orange-bellied Flowerpecker
【分類】スズメ目ハナドリ科　【大きさ】9cm

花とは切っても切れない小鳥

4月14日はバレンタインデーとホワイトデーで結ばれたペアが愛を深めるオレンジデー。そんな日にぴったりの、オレンジ色の小鳥だ。ずんぐりとしたボディーが愛らしく、オスはお腹と背中がオレンジ色で、メスは豊かなオリーブ色に黄色がかったお腹が美しい。ハナドリのなかまはベリーの木や、小さな実のなるイチジクや蔓植物、ヤドリギを訪れ、下側に少しカーブしたくちばしで蜜を吸い、実や小さな昆虫を食べる。花はハナドリによって受粉し実を結ぶ。ハナドリが実を食べ、糞として排出された種子が散布され発芽する。ハナドリと花は切っても切れない関係だ。

ミサゴ

Pandion haliaetus ／ Osprey
【分類】タカ目ミサゴ科　【大きさ】57cm

魚をつかむ唯一無二の足

海や河口の上空で停止飛行し、魚を見つけると一気に急降下して足からダイブ。垂直離着陸機オスプレイは、その動きを彷彿とさせるミサゴの英名が由来となった。和名は水面近くを泳ぐボラなどの大きな魚を狙い、足指で獲物をゲットすることから「水探る」が転じて「ミサゴ」になったといわれる。前後2本ずつに分かれた足指は、魚をつかむのにぴったり。足指の裏側は、米粒がつきづらいエンボス加工を施したしゃもじのようになっており、ぬめる魚も滑り落ちない。海岸や川の断崖上、大木の梢などに枯れ枝を積み、大きな皿状の巣をつくる。

【国際声の日】

キュウカンチョウ

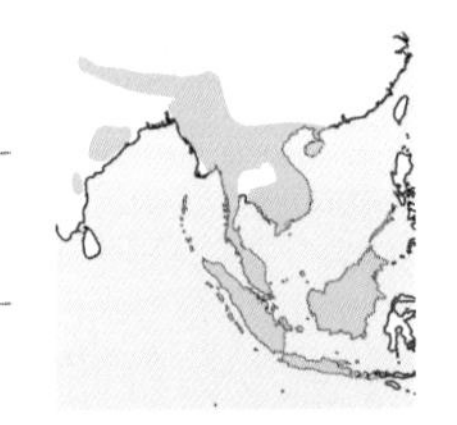

Gracula religiosa ／ Common Hill Myna

【分類】スズメ目ムクドリ科　【大きさ】30cm

よく喋り、よく歌う

ものまね上手の鳥として知られ、人の言葉、とくに飼い主のしゃべり方を驚くほどそっくりにまねてみせる。オウムやインコより発音が正確で、記憶力もよく、歌を何曲も覚えるものも。野生のキュウカンチョウは中国南部から東南アジアに広く分布。ものまね声を発さない普段は「ティオン、ティオン」と鳴く。徳川家康への献上の記録もあり、江戸時代には広く知られていた。日本にこの鳥をもたらした中国人の名が「九官」であり、側にいた鳥が彼を「キュウカン」とよんだのが鳥の名と思い込まれたことが、名の由来といわれている。

ノガン

Otis tarda ／ Great Bustard

【分類】ノガン目ノガン科　【大きさ】♂ 105cm　♀ 75cm

春に見られるひげダンス

「ガン」と名前に入っているがガンのなかまではなく、ツルに近い鳥。オスは体重 18kg で、飛ぶ鳥としては最重量級だ。春になると、オスはあごの両側に花びらを思わせる細いひげ状の白い羽が伸びる。このひげを立てて首を伸ばし、自慢のお尻をプリッと上げ、尾羽をめくりあげるように反転させ堂々と歩く。風変わりな姿のオス達が、距離を保ちあちこちでひげをなびかせディスプレイする様子は、草原に白い花が咲いたよう。一方メスはオスの 3 分の 1 ほどの体重で、やや小柄。目立つオスに近づき交尾をしたあとは、単独で地面のくぼ地に営巣しひなを育てる。

4/18

【ジンバブエ独立記念日】

サンショクウミワシ

Haliaeetus vocifer / African Fish-eagle

【分類】タカ目タカ科 【大きさ】♂ 65cm ♀ 70cm

アフリカの美しきハンター

白色の上体と尾羽、赤茶色とこげ茶の羽をもつ3色のワシ。この凛々しい姿は、サバンナを流れる河川や湖沼でよく見ることができる。アフリカ大陸を陸路で移動しながら、野生生物の観察・狩猟を行うサファリで人気の鳥。ジンバブエをはじめ、ザンビアと南スーダンが国鳥に指定している。英名のAfrican Fish-eagleの通り、魚が主食。水辺の梢に止まって水面を観察し、さざ波を察知すると急降下。強靭な足指の爪で獲物をキャッチする。魚以外にも小型のカモやワニなどのほか、フラミンゴをもとることがある。

ワカケホンセイインコ

Psittacula krameri manillensis ／ Rose-ringed Parakeet
【分類】インコ目インコ科　【大きさ】40cm

都会の空を舞うインコ

東京の空を「キーキー、キャラ、キャラ」と大きな声で鳴きながらにぎやかに飛んでいる緑のインコ。セキセイインコよりも一回り大きなワカケホンセイインコだ。春の公園でピンク一色に染まる満開のサクラに、緑色のインコが集まって花の蜜を吸う光景も珍しくない。もともとインドなど熱帯のサバンナに生息していたが、ペットとして飼われていたものが逃げだし野生化。都会にすみつき繁殖した。生活力が旺盛で、日本では大阪、名古屋。海外ではアムステルダムやケルンなどの大都会でも、ベランダのえさ台に集まる光景を見ることができる。

カッコウ

Cuculus canorus ／ Common Cuckoo

【分類】カッコウ目カッコウ科 【大きさ】35cm

カッコウの名は万国共通

「閑古鳥が鳴く」とは、流行っていないお店のこと。閑古鳥とはカッコウを指し、その声が人里離れた高原や静かな山のなかでしか聞けなかったことから、閑寂やひと気のないことを意味する表現になった。鳴き声はだれもが知っている「カッコウ」。和名・英名・仏名・独名でいずれも「カッコウ」が入っているが、それはもちろん鳴き声に由来する。平地から高原のカラマツ林などの明るい場所で、ヨシキリ類、ホオジロ類、モズ、セキレイ、ノビタキ、オナガなど多くの鳥に托卵する。秋に南へ渡るが、日本のカッコウの越冬地はまだわかっていない。

ホシガラス

Nucifraga caryocatactes ／ Northern Nutcracker
【分類】スズメ目カラス科　【大きさ】35cm

星がきらめく黒いボディー

ユーラシア大陸の中部から北部の山岳地帯に生息するカラスで、星のような白い斑点が特徴。日本でも亜高山から高山の針葉樹林で見ることができる。ハイマツやブナの実を好み、ドングリを集めて木のすき間などに蓄える。しかしこれらはよく忘れられ、放置された実の種が発芽し、種の散布につながっている。針葉樹の梢や枯れ枝にとまって「ガー、ガーッ」と鳴き、繁殖期には「ミャー、ミャオー」とネコのような声も出す。高山に生息するため繁殖の確認ができなかったが、1956年4月21日にはじめて北アルプスで巣が発見された。

【アースデイ】

モーリシャスバト

Nesoenas mayeri ／ Pink Pigeon
【分類】ハト目ハト科 【大きさ】40cm

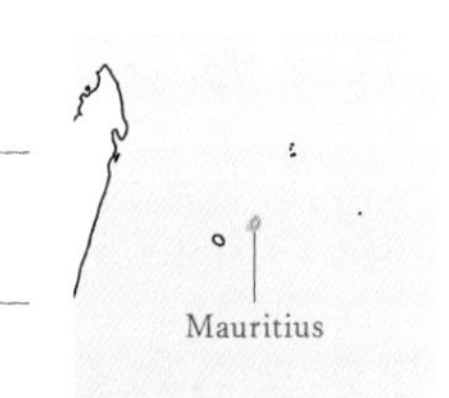

美しいハトの未来を守りたい

マダガスカルの東にあるモーリシャス島では、17 世紀に飛べないハトのなかま、ドードーが絶滅した。そしていま再び、絶滅の危機にある飛べるハトがいる。薄ピンク色が美しい、モーリシャスバトだ。島に人が定住し、連れてこられたイヌやネコの一部が野生化。さらに移入されたマングースなどに捕食され、1984 年には 18 羽まで減少したが、保護活動によって 21 世紀には 300 羽を上回るまで回復している。4 月 22 日は国連が定めたアースデー、地球環境保全の日。ドードーの悲劇を繰り返さぬよう、地球のあり方を考えたい。

【地ビールの日】

コチドリ

Charadrius dubius ／ Little Ringed Plover

【分類】チドリ目チドリ科　【大きさ】16cm

ほろ酔い気分の千鳥足

立ち止まっては急にチョコチョコ。また立ち止まり、別方向にチョコチョコ…。チドリのなかまは特徴的なジグザグ歩きでえさを探す。この姿が酔っ払いのふらふらした足取りに似ていることから「千鳥足」という言葉が生まれたとか。金色のアイリングのある可愛いチドリで川原、干拓地、砂浜などでくらし、小石の混じる砂地に浅いくぼみをつくって産卵する。親は卵やひなを守るために「ピィ、ピィピョ」と鳴きながら怪我を負ったフリをする「擬傷」とよばれる行動で敵を巣から遠ざける。秋に南へ渡るが、南日本では越冬するものもいる。

【よこはま動物公園ズーラシア開園日】

カンムリシロムク

Leucopsar rothschildi ／ Bali Myna

【分類】スズメ目ムクドリ科　【大きさ】25cm

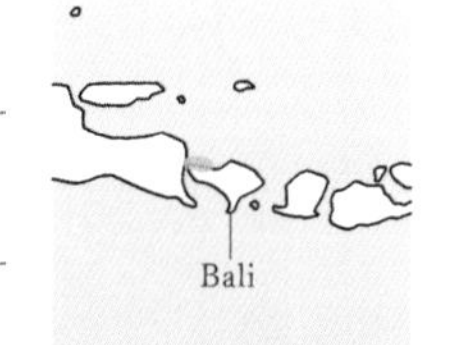

横浜からバリ島へ里帰り

真っ白な冠羽に、先の黒い翼と尾羽、鮮やかな青いアイラインが美しい、気品のある実に美しいムクドリだ。インドネシアのバリ島の固有種で、かつては島内でよく見られたが、人口増加による生息環境の破壊と、その美しさゆえに飼い鳥にするための乱獲が続き、1990 年には野生下ではたった 15 羽しか確認できなかった。しかしながら飼育下でよく繁殖するため、横浜のズーラシアにある希少動物繁殖センターで殖やした個体を里帰りさせ、バリ国立公園の保護区で放鳥する復活計画が 2003 年に発足。すでに 160 羽が送られている。

アデリーペンギン

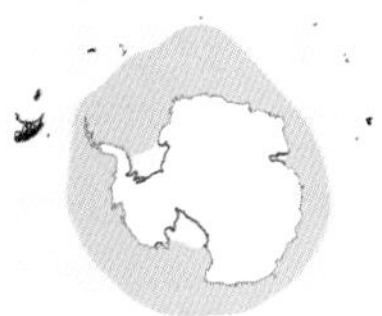

Pygoscelis adeliae ／ Adelie Penguin
【分類】ペンギン目ペンギン科　【大きさ】70cm

日本でも親しみ深い南極のペンギン

世界ペンギンデーのきっかけになったのが、このペンギン。日本でも歯磨き用品やガム、IC カード式乗車券のキャラクターにもなった親しみのあるペンギンだ。秋に南極の内陸で繁殖したペンギンは春には海を目指して移動するのだが、この何千年、何万年と使われた海へ向かう道中にアメリカの南極観測基地が建てられた。以来、毎年 4 月 25 日前後に基地周辺にアデリーペンギンの群れがあらわれることを記念して、1970 年に制定された。現在、世界ペンギンデーは、世界に 18 種いるペンギンや環境保護の運動について考える日となっている。

アンデスフラミンゴ

Phoenicoparrus andinus ／ Andean Flamingo

【分類】フラミンゴ目フラミンゴ科　【大きさ】110cm

高地の塩水湖に生きる希少種

4月26日は国際自然保護連合が定めた、国際フラミンゴデー。この日は、19世紀に活躍した鳥類保護活動家で画家のオーデュボンの誕生日だ。彼はフラミンゴのなかで最も鮮やかな羽をもつベニイロフラミンゴの、生き生きとした素敵な絵を多く残した。6種が知られるフラミンゴのなかで最も希少な種がアンデスフラミンゴ。アンデスの標高3,500～4,500mの塩水湖に生息している、世界で一番高い地点にくらすフラミンゴだ。チリの塩水湖、アタカマ湖に最大のコロニーがあり、国立公園に指定され保護活動が行われている。

【特急ひばり運行開始日】

ヒバリ

Alauda arvensis ／ Skylark
【分類】スズメ目ヒバリ科　【大きさ】17cm

高らかに歌う身近な小鳥

春から初夏にかけて空高く舞いあがり囀るヒバリは「揚げヒバリ」とよばれ、春の風物詩として親しまれてきた。よく晴れた日に、空を舞いながら「ピュルリ、ピチュリ、チュリチュリ」と囀ることから「日晴（ひばる）」が転じたといわれている。日本の国民的歌手、美空ひばりをはじめ、幼稚園や保育園の名前にもしばしば用いられるなど、日本人にとって非常に身近な小鳥だ。かつて上野－仙台間を4時間弱で結び、東北から首都圏への足として親しまれてきたのは「特急ひばり」。車窓から見えるヒバリの舞う田園風景は、この季節だけの特別なものだった。

4/28

【ハシビロコウのビル 伊豆シャボテン公園来園】

ハシビロコウ

Balaeniceps rex ／ Shoebill

【分類】ペリカン目ハシビロコウ科　【大きさ】120cm

アンバランスがいいバランス

英名は「オランダの木靴のようなくちばし」の意。さらに別名はWhale-Headed Stork、すなわち「鯨の頭のコウノトリ」。いずれも頭でっかちでユニークな姿を見事にあらわしている。広大なパピルスやアシの茂る湿原に生息し、お気に入りの漁場を見つけてすむ。鳥類最大級の長い足指で水草の上に止まりジッと待ち伏せ。ハイギョやナマズが出てくると、首を伸ばしその大きなくちばしでつかみとる。この採食習性から、動かない鳥として有名だ。寿命は長く、1981年のこの日に日本で初公開された個体は、世界最高齢の推定年齢50歳以上（人でいうと100歳以上）で、2020年にこの世を去った。

【国際ダンスデー】

クラークカイツブリ

Aechmophorus clarkii ／ Clark's Grebe

【分類】カイツブリ目カイツブリ科　【大きさ】70cm

愛を示す、一糸乱れぬ動き

ペアになるためには、メスによる厳正なる審査が必要だ。審査項目はシンクロランニング。オスはメスの動きに合わせて首を振り、互いの動きを揃えて水の上を走る。足は1秒間に20回転。泳ぐのではなく、水面を蹴り走るのだ。オスはメスの動きに完璧に合わせることが求められる。この審査に合格すれば、めでたくカップル成立だ。その後もオスは魚や巣材を集めてはメスにプレゼント。オスはメスにとことん尽す。そうしてメスから認められてはじめて本当のペアになれる。もちろん抱卵も子育ても共同作業。愛のためなら努力はいとわない。

ヨーロッパコマドリ

Erithacus rubecula ／ European Robin
【分類】スズメ目ヒタキ科　【大きさ】14cm

ヨーロッパに春を知らせる歌い手

ほがらかに響き渡る囀り。ヨーロッパに生息する鳥のなかでも代表的な歌い手で、春から夏にかけて見事な囀りを聞かせてくれる。大都会の公園や庭先でも観察でき、人々からは親しみをもってRobinとよばれ、ヨーロッパの民話や童謡などにもよく登場する。愛らしい見た目だが、なわばり意識が強く、侵入者にはオレンジ色の胸を膨らませて囀り、尾羽を振りながら威嚇。脅しても逃げなければ、飛びかかって闘争することもある。ユーラシア大陸に広く分布するが、日本では見られない。形態も生態もそっくりなコマドリがいるからだろう。

ベニハワイミツスイ

Drepanis coccinea ／ Iiwi

【分類】スズメ目アトリ科 【大きさ】15cm

独自に進化を遂げた赤い小鳥

ハワイ諸島にすみついたカナリアのなかまから進化したハワイの固有種で、先住民から「イーウィ」とよばれ、王族の衣装にその羽が使われた。下にカーブした長いくちばしが特徴だ。ハワイミツスイのなかまは食性の違いによって、くちばしが短いもの、細いものとさまざまな進化を遂げた。同様のくちばしは、同じく花蜜食のハチドリやタイヨウチョウなどに見られる。これは異なる系統の生物が似た姿になる収斂（しゅうれん）進化の賜物だ。ハワイミツスイは、19 世紀のハワイの開発と乱獲ですでに 16 種が絶滅。現在は 23 種となり、厳重に保護されている。

【ベビーデー（アメリカ）】

カワアイサ

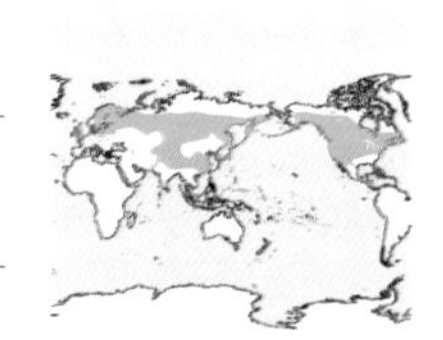

Mergus merganser ／ Common Merganser
【分類】カモ目カモ科　【大きさ】65cm

ヨソの子も見る肝っ玉母さん

全国的には冬鳥で、内湾、海岸、大きな川や河口、広い湖沼に飛来するカモ。水面から跳ねるようにして潜水し、鋭いくちばしで魚を捕らえて食べる。春に北の繁殖地へ渡るが、北海道の湿原や湖沼の水辺の樹洞でも少数が営巣している。メスは10個ほどの卵を抱いてひなを育てるが、ほかのメスが産んだひなも育てることがあり、北海道では16羽、アメリカでは数家族のひなが混じった結果、76羽ものひなを連れた肝っ玉母さんがあらわれ話題になった。カワアイサのメスは、母であり、敏腕保育士といったところだろうか。

アカミノフウチョウ

Cicinnurus respublica ／ Wilson's Bird-of-paradise

【分類】スズメ目フウチョウ科　【大きさ】♂ 21cm　♀ 16cm

私の魅せ方は私が一番知っている

目にも鮮やかな赤、黄、水色のオス。地味な羽色ながらも、オスと同じく頭の鮮やかな水色の皮膚をもつメスという小型のフウチョウ。しかし個性的なのは容姿だけでない。オスの求愛ダンスは、メスに自身の極彩色だけを見てもらうため、まずダンスフロアとなる垂直に立つ細い木のまわりを綺麗に掃除をすることからはじまる。そして幹の根元近くに止まり、その上に止まったメスを見上げるようにして踊る。その首すじの黄色、青い足、くるんと丸まった玉虫色の尾羽でメスを虜にさせる、掃除上手でアピール上手な鳥なのだ。

【バードデー（アメリカ）】

アメリカシロヅル

Grus americana ／ Whooping Crane

【分類】ツル目ツル科　【大きさ】140cm

絶滅を回避した、最も数の少ないツル

日本では折り鶴などで親しまれているタンチョウと並び、もっとも優雅で美しいツルといわれている。1894年アメリカで5月4日がバードデーに制定されたが、当時はまだ1,000羽以上のアメリカシロヅルが生息していた。カナダ北部の広大な湿地で繁殖し、4,000kmを旅してアメリカ南部やメキシコに渡る。この渡りのルート上で狩猟の対象となったため年々数を減らし、20世紀中頃には20羽以下に減少。その後、繁殖地や越冬地での厳重な保護と人工増殖により絶滅は免れたが、今でも絶滅に近い希少なツルにはかわりない。

ウズラ

Coturnix japonica ／ Japanese Quail
【分類】キジ目キジ科　【大きさ】20cm

日本人がつくった唯一の家畜

「グワックルルル！」オスの鳴き声は甲高く、とても勇ましい。現在はウズラといえば食用となる卵の印象が強いが、鎌倉時代の武士は陣中でこの鳴き声を聞くことで、士気を高めたという。江戸時代になると庶民にも飼われはじめ、明治時代に改良され家禽種がつくられた。食用のほか実験動物としても使われる、日本でつくられた唯一の家畜だ。野生種は川原や草原に生息し、草の種や芽、虫や落ちた木の実などを食べる。丸々として空を飛ぶ姿は想像しづらいが、キジ科の鳥では珍しく北日本で繁殖し冬は南に渡る、れっきとした渡り鳥だ。

5/6

【ロバート・ピアリー（冒険家・北極点初到達）誕生日】

ケワタガモ

Somateria spectabills ／ King Eider
【分類】カモ目カモ科　【大きさ】56cm

最高級ダウンの生みの親

北極圏で繁殖するカモで、羽毛がダウンになることから名づけられた。初夏とはいえ寒さの厳しい地で自分の胸の綿毛、すなわちダウンを敷いた巣で卵を孵す。ひなが孵り、巣立って空き家になった巣から人々が羽毛を集めて服に使うようになったのが、ダウンコートのはじまり。極寒の地で卵を守る暖かさとやわらかさ、限られた時期の巣からしか取れない希少性から、この羽毛が最高級ダウンになるのも納得だ。オスは額からくちばしにかけてオレンジ色のひょうきんな顔立ち。身体は薄緑がかった白と黒のツートンカラーの羽のカラフルな海ガモだ。

エメラルドテリオハチドリ

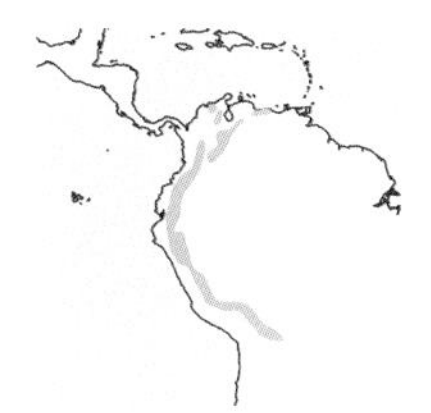

Metallura tyrianthina ／ Tyrian Metaltail

【分類】ヨタカ目ハチドリ科　【大きさ】10cm

宝石をまとった“照尾蜂鳥”

5月の誕生石であるエメラルドを思わせる、きらきら輝くのどと、全身のほとんどが金属光沢のあるオリーブ色のハチドリ。典型的なテリオハチドリで、短い針のようなくちばしが特徴。尾羽の色は紫色や赤銅色、青色、ブロンズなど、生息地であるアンデス山脈の南から北の間でそれぞれ異なる色彩をもつ。オスは好戦的でなわばり意識が強いが、花に複数で集まって、わりあい至近距離で蜜を吸う姿も珍しくない。花冠の長い花にはその針のようなくちばしで、穴をあけて蜜を抜きとって食べる。蜜のほかにも小さな昆虫も捕食する。

【松の日】

イスカ

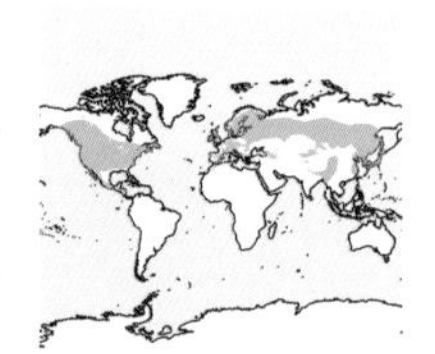

Loxia curvirostra ／ Red Crossbill

【分類】スズメ目アトリ科　【大きさ】17cm

そのくちばしは松の実採り専用

オスは濃いオレンジ色、メスはオリーブ色の冬鳥だ。常緑針葉樹林に生息し、マツなど針葉樹の実の松かさを食べるが、その食べ方はくちばしの形と深く関係する。くちばしの上側はまっすぐだが下側が左右どちらかに曲がる独特の形をしているため、松かさを広くこじ開け、種子が落ちる前に舌です素早くペロリとすくいとって器用に食べることができる。飛びながら「キョッキョッ」と鳴き、繁殖期には「チュッチチュイチーン」と囀る。春にシベリアやサハリンの繁殖地へ戻るが、本州中部や北部の松林で少数が繁殖している。

ヨーロッパフラミンゴ

Phoenicopterus roseus ／ Greater Flamingo
【分類】フラミンゴ目フラミンゴ科　【大きさ】120cm

深紅の翼をもったバラ色の鳥

フラミンゴというとアフリカや南米などの熱帯の鳥のイメージがあるかもしれないが、実際はフランスやスペインの地中海沿岸の干潟や湿地にも生息。繁殖地もあり、西欧社会では昔から知られていた鳥だ。学名の *Phoenicopterus* は「深紅の翼をもった鳥」、*Roseus* は「バラ色」という意味。美しいピンク色の見た目から、日本に紹介された際についた最初の名は「紅鶴」だった。集団でディスプレイを行うが、ペアになると２羽で行動をともにし、首をからませたり羽繕いをしたりと、とても仲睦ましく微笑ましい。

5/10

【愛鳥週間(5月10日~16日)】

オオルリ

Cyanoptila cyanomelana / Blue-and-white Flycatcher

【分類】スズメ目ヒタキ科　【大きさ】16cm

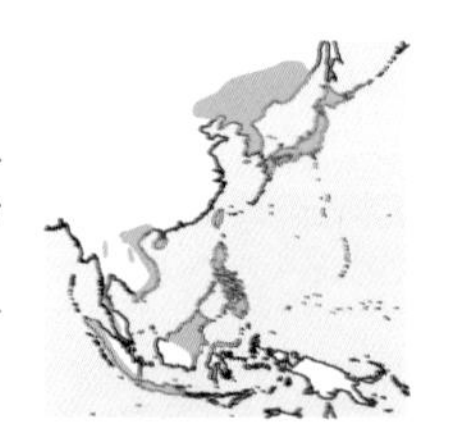

バードウィークに聞きたい美声

5月10日～16日の1週間は愛鳥週間、バードウィークだ。新緑の美しいこの時期になると、林から「ピーリーリー、チュービービー、ジジ」と美しい声が聞こえてくる。声の主を探すと、高い木の梢で青い小鳥が姿勢正しく鳴いている姿が目に入る。その澄んだ歌声からウグイス、コマドリとならんで「日本三鳴鳥」といわれる、オオルリのオスだ。5月中頃に南の越冬地から故郷の林に帰ってくると、崖のくぼみに苔を集めて深いカップ状の巣をつくり、子育てをする。

ウミウ

Phalacrocorax capillatus ／ Japanese Cormorant
【分類】カツオドリ目ウ科　【大きさ】84cm

操れるのは日本の鵜飼いだけ

闇のなか、かがり火を焚いた船の上から、鵜匠が鵜を巧みに操りアユを獲る。鵜飼いといえば岐阜県の長良川。毎年5月11日～10月15日までほぼ毎夜行われている。川での鵜飼いだが、活躍している鵜はウミウ（海鵜）だ。中国やベトナムでは現在も実際に魚をとるための漁として鵜飼いが行われるが、こちらで使われているのはカワウ（川鵜）。ウミウは英名からもわかるように日本周辺の特産種で、崖や岩礁のある海岸や周辺の海に生息している。カワウよりも大型なウミウを使えるのは日本の鵜匠の特権といえる。

【看護の日】

ホトトギス

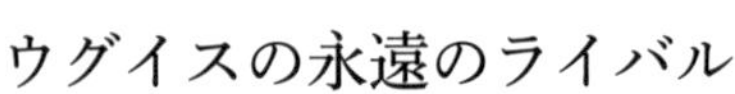

Cuculus poliocephalus ／ Lesser Cuckoo
【分類】カッコウ目カッコウ科　【大きさ】28cm

ウグイスの永遠のライバル

「時鳥は鳴いて血を吐く」。ホトトギスの口の中が赤く、「キョッキョッキョキョ…」と昼夜の別なく血を吐くような鋭い声で鳴くことから生まれた言葉だ。平地から山地の草原や明るい林に生息し、鳴き声は「特許許可局」や「てっぺんはげたか」などと聞きなされる。チョコレート色の卵はウグイスの卵とそっくりで、ウグイスの巣に托卵するちゃっかり者。歴史を遡ると、『万葉集』には鳥についての和歌が600首ほどある。両者は千年前からのライバルで、ウグイスの歌が51首に対し、ホトトギスは156首。歌の世界では断トツ1位の人気者だ。

【メイストームデー】

オオジシギ

Gallinago hardwickii ／ Latham's Snipe
【分類】チドリ目シギ科　【大きさ】31cm

ザザザザと賑やかな羽音

広い地球上で、北海道周辺でしか繁殖しないシギ。冬はオーストラリア南部やタスマニア島まで、1万 km もの距離を渡る。北海道を出発して6日目には、中継地パプアニューギニアに到達した個体が確認されている。オスは草原、牧草地の上空を鳴きながら、ディスプレイ飛行してメスにアピール。「ジェ、ジェ、ズビーク」と鳴きながら尾羽を震わせ、ザザザザとはげしい羽音を立てて急降下することから、北海道では「雷シギ」とよばれる。まれに本州以南の高原でも繁殖の様子が見られ、平地の水田などでは旅鳥として観察される。

【温度計の日】

ミドリテリカッコウ

Chrysococcyx maculatus ／ Asian Emerald Cuckoo

【分類】カッコウ目カッコウ科　【大きさ】17cm

太陽の下で鮮やかに輝く羽

オスの羽は、翼の先の黒色と腹の白黒しま模様以外すべてエメラルド色に覆われた、光沢の美しい緑色のカッコウ。赤色のアイリングがポイントカラーとなっている。メスも頭のオレンジ色と顔から腹にかけてのしま模様以外はエメラルド色で、オスメスともに美しい色合いをしている。常緑広葉樹のジャングルにくらし、繁殖期になると果樹園や公園に出てくる。昆虫などを食べるが、托卵相手は意外にも花蜜が主食のタイヨウチョウ科の鳥。幸いタイヨウチョウもひなには虫を与えるため、托卵が成り立っている。

アオバズク

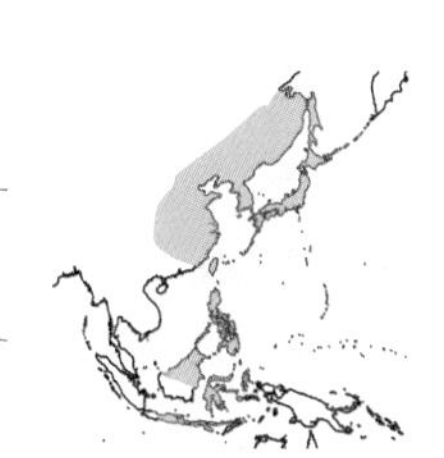

Ninox japonica ／ Northern Boobook

【分類】フクロウ目フクロウ科 【大きさ】30cm

鎮守の森の主

青葉の美しい頃、東南アジアの越冬地から戻り、神社の森などに姿をあらわす黒っぽいフクロウ。町や都会でも社寺境内などの大木の樹洞で繁殖し、人里で見られる鳥だ。夕方になると枯れ枝や電線に止まり「ホッホッ、ホッホッ」とペアで鳴き合う。夜行性でなかなか姿が見えず、暗闇に響く鳴き声からもっと大きなフクロウを想像する人も多いが、全長は30cmほどと意外と小柄。樹洞の巣でメスが抱卵し、オスは見張り役になってえさを運んでくる。主にガやコガネムシなど大型の虫を食べ、コウモリや小鳥を捕らえて食べることもある。

キョクアジサシ

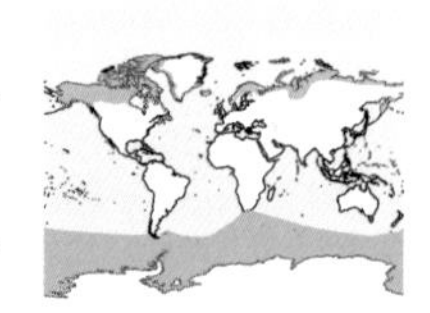

Sterna paradisaea ／ Arctic Tern
【分類】チドリ目カモメ科　【大きさ】35cm

移動距離は世界一

渡りは北極から南極まで。世界でもっとも長い距離を移動する生き物だ。夏の間は太陽の沈まない白夜の北極で繁殖し、秋になると移動開始。今度は南極が白夜の夏を迎える頃に、ちょうど到着する計算だ。実に1年に地球2周分、8万kmもの距離を移動し、その間は常に、オキアミや小魚のとりやすい海域でくらしている。1年に2つの極地で太陽の沈まない夏を過ごすことから「世界一、太陽光を浴びている生き物」ともいえる。日本でも渡りの途中に観察されることがあるが、時期はやっぱり、太陽の光がまぶしい夏の頃だ。

【世界電気通信の日】

カワセミ

Alcedo atthis ／ Common Kingfisher

【分類】ブッポウソウ目カワセミ科　【大きさ】17cm

初夏に輝く清流の宝石

漢字では「翡翠」と書き、別名はヒスイ。名前の通り鮮やかな翡翠色から「清流の宝石」と形容され、バードウォッチャーからの人気ナンバーワンの鳥だ。なわばりをつくり、繁殖期以外は１羽で生活。狩りの名人でもあり、水面上の枝や杭に止まって小魚や小エビを狙い、水に飛びこんで素早く捕らえる。空中でホバリングし、くちばしから時速100㎞の速さで飛びこむことも。その姿は翡翠色の弾丸のよう。「チー、ツッチー、ツピー」などと鳴き、繁殖期には鳴きながらオスがメスを追って飛びまわり、魚のプレゼントで求愛給餌をする。

【国際博物館の日】

ヤマガラ

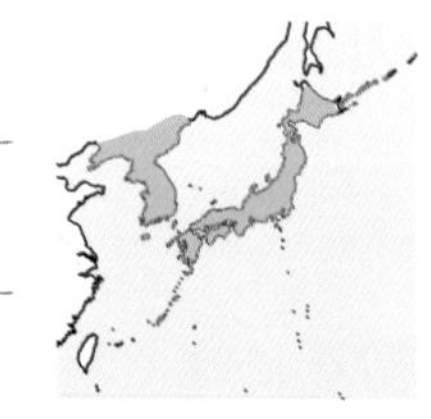

Parus varius ／ Varied Tit

【分類】スズメ目シジュウカラ科　【大きさ】14cm

ヤマガラのおみくじ引き

利口な小鳥で、昔は芸を仕込み見世物で活躍していた。神社の境内で行われていたおみくじ引きが有名だ。客の払った小銭をくわえ、賽銭箱に入れ鈴を鳴らす。社の扉を開き、中にあるおみくじをくわえて出てくると、おみくじの封まで外し渡してくれる。この見事な芸に対し、報酬は麻の実一粒と切ない。常緑広葉樹林で多く見られ、虫や木の実を好む。堅いドングリは両足にはさみ、くちばしでたたき割って食べる。ドングリを樹皮のすき間や土の中に埋め冬の食料として蓄えるが、忘れてしまうことが多い。この実が発芽し、森の再生につながっている。

シマフクロウ

Bubo blakistoni ／ Blakiston's Fish-owl

【分類】フクロウ目フクロウ科 【大きさ】70cm

北の大地で崇められる神

アイヌの人々から村の神「コタンカムイ」とよばれ、崇められてきた。日本で一番大きな、そして世界的にも最大級のフクロウで、翼を広げると左右の先から先までが 1.8m にもなる。川や湖沼、海岸近くの森林に生息し、夜行性で魚食性。夕方から水辺で待ち伏せし、魚を見つけると足から飛び込んで捕まえる。オスが大きな太い声で「ボーボー」と鳴くと、メスは「ウー」と応えて鳴き合う。近年は巣となる大木の樹洞が減り、保護対策として設置している巣箱を利用するペアが増えている。

5/20

【森林の日】

キビタキ

Ficedula narcissina ／ Narcissus Flycatcher

【分類】スズメ目ヒタキ科　【大きさ】14cm

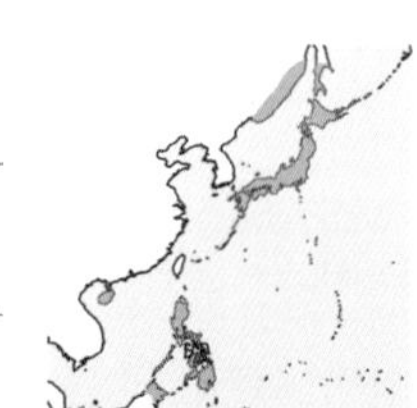

森のエンターテイナー

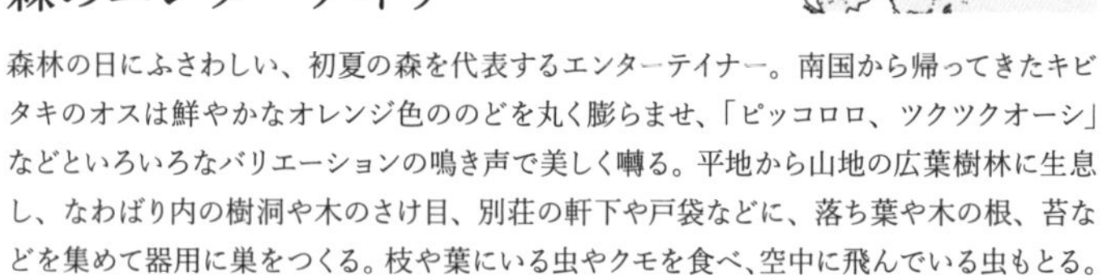

森林の日にふさわしい、初夏の森を代表するエンターテイナー。南国から帰ってきたキビタキのオスは鮮やかなオレンジ色ののどを丸く膨らませ、「ピッコロロ、ツクツクオーシ」などといろいろなバリエーションの鳴き声で美しく囀る。平地から山地の広葉樹林に生息し、なわばり内の樹洞や木のさけ目、別荘の軒下や戸袋などに、落ち葉や木の根、苔などを集めて器用に巣をつくる。枝や葉にいる虫やクモを食べ、空中に飛んでいる虫もとる。春と秋の渡りの時期には、都会の公園などでも見られ、私たちを楽しませてくれる。

【小学校の日】

ヒスイインコ

Psephotellus chrysopterygius ／ Golden-shouldered Parrot
【分類】インコ目インコ科 【大きさ】26cm

アリ塚にくらす可愛いインコ

明るいユーカリの林にくらすインコ。オスはヒスイ輝石色の羽に金色の肩羽が目立ち、メスは全身が黄緑色のやわらかい羽色が特徴だ。シロアリのアリ塚にトンネルを掘って巣をつくる変わった習性があり、Antbed Parrot ともよばれている。トンネルの巣は 2m に及ぶものもあり、ひなの排泄物を食べるガの幼虫と同居して巣内の清潔を保っている。黒い虹彩がくりっとした可愛いらしい顔つきからペットとして乱獲された歴史があり、現在は絶滅危惧種として保護され、ワシントン条約で商取引が禁止されている。

5/22

【国際生物多様性の日】

キジオライチョウ

Centrocercus urophasianus / Sage Grouse

【分類】キジ目キジ科　【大きさ】♂ 75cm　♀ 55cm

奇妙なダンスでメスを魅了

セージの草原に生息する大型のライチョウ。尾羽が長く、遠目にはキジのように見える。繁殖期になるとオスは「タプン、ポヨン、ピヨン…」と効果音のような奇妙な音を出し、存在をメスにアピールする。なにより目が行くのは、胸元にあらわれる2つの膨らみ。尾羽を立て、白い胸の羽を襟巻のように広げると、胸元の2つの気嚢を膨らませて「タプン、ポヨン」と揺さぶり大きさを競う。春になると100羽ほどのオスがレックとよばれる集団繁殖地に集まる。レックの真ん中でアピールできるオスほど強く、その奇妙なダンスでメスを獲得していく。

【キスの日】

ハイイロヒレアシシギ

Phalaropus fulicarius ／ Red Phalarope

【分類】チドリ目シギ科　【大きさ】♂ 20cm　♀ 22cm

メスが求愛、オスが子育て

小柄なシギで、日本で見られるのは和名の通り灰色、白、黒の冬羽の時。6月末頃からの繁殖期に北極圏のツンドラに帰ると、英名の通り赤い夏羽に変身する。メスのほうがオスより鮮やかな赤色の羽をもち、体も大きい。そのため求愛ディスプレイはメスが主導権をもつ。一方、営巣や抱卵はもっぱらオスの役目で、ひなの世話もオスが行う。ヒレアシシギのなかまは足指に弁足とよばれる木の葉状の水かきをもち、水の中を巧みに泳ぐ。ヒレのある足で水をかき回し、浮いてくるプランクトンを細いくちばしでとって食べる。

【エリトリア独立記念日】

ホオジロエボシドリ

Tauraco leucotis ／ White-cheeked Turaco

【分類】エボシドリ目エボシドリ科　【大きさ】43cm

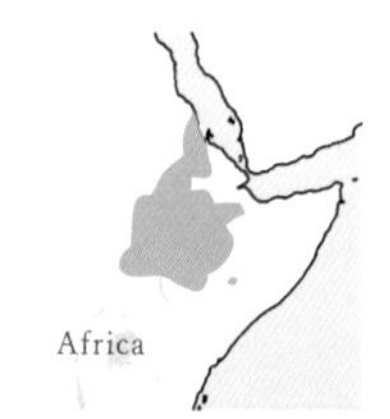

特別な色素をもつ鳥

東アフリカに位置するエリトリアの国鳥。エボシドリ科の鳥は 24 種が知られ、サハラ砂漠より南のアフリカの森林にのみ生息。世の中の緑色の鳥のほとんどは、羽に当たる光の屈折反射によって色がみえる構造色によって緑色をなしているが、エボシドリの濃い緑色からはほかの鳥に見られない特別な色素が見つかった。この色素は英名の turaco から「ツラコバジン」と名づけられ、さらに翼の赤い羽からは赤い色素の「ツラシン」が見つかっている。この色素のおかげで、光の弱い薄暗いジャングルでもエボシドリの美しい色を見ることができる。

アフリカマメガン

Nettapus auritus ／ African Pygmy-goose
【分類】カモ目カモ科　【大きさ】30cm

ガンという名の小さな可愛いカモ

カモ科のなかでもっとも小柄で、くちばしは小さく、ガンのように見えることから英名も和名もガンの名が使われている。オスは顔の前側とのどは白色、顔の後ろ側が黒い縁のある黄緑色で、胸からお腹にかけては優しいオレンジ色をしている。白い顔につぶらな黒い虹彩、黄色いくちばしという色合いと小さな体のせいか、その顔つきはとてもキュート。水草の生える池や沼にくらし、主に植物を食べる。樹上によく止まり、巣は樹洞やシロアリの塚だけでなく、人家の草ぶき屋根につくることもある。

【源泉かけ流し温泉の日】

セレベスツカツクリ

Macrocephalon maleo ／ Maleo

【分類】キジ目ツカツクリ科　【大きさ】55cm

地熱で卵を孵す温泉鳥

ツカツクリのなかまは卵を産むと、体温ではなく周囲の環境を利用して卵を温める。オーストラリアには落ち葉を集めて大きな塚をつくり、発酵熱で卵を孵すためにその名がついたヤブツカツクリがいる。一方このセレベスツカツクリは、ジャングルの火山灰地の温泉熱や砂浜の太陽熱を利用する。オスは塚にメスを呼んで産卵を促す。孵化するまでは舌をセンサーにして塚の温度管理を行うので、卵がゆで卵になる…ということはない。孵化したひなは自力で塚から出ると森に向かい、親の世話にならずに成長する。なんともたくましい鳥だ。

【映画「マダガスカル」公開（アメリカ）】

アカアシカツオドリ

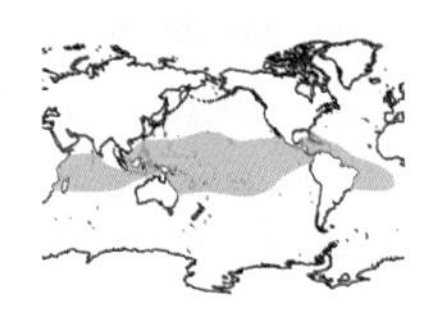

Sula sula ／ Red-footed Booby
【分類】カツオドリ目カツオドリ科　【大きさ】75cm

トマト色の足が魅力

カツオドリのなかまは 10 種が世界の熱帯、亜熱帯の海洋にくらし、海岸や海洋島の崖地や斜面などの地面に巣をつくる。アカアシカツオドリはそのなかで唯一、樹上に営巣するカツオドリだ。さらに、そのなかでもさまざまなタイプがおり、羽色が白いタイプ、茶色いタイプ、インド洋クリスマス島のものは頭が黄色く黄金タイプとよばれている。さらには尾羽の先が黒いものと白いもの、尾羽全体が茶色いものもいる。しかしどのタイプにも共通しているのは、よく熟れたトマトのような真っ赤な足。ほかのカツオドリと見分ける際の一番のポイントだ。

【花火の日】

ハイバラエメラルドハチドリ

Amazilia tzacatl ／ Rufous-tailed Hummingbird

【分類】ヨタカ目ハチドリ科　【大きさ】11cm

えさ台で出会える身近なハチドリ

緑色のハチドリで、学名の *tzacatl* はアステカ文明のナトワル語で「草」を意味する。海岸から山中まであらゆる環境に生息し、えさ場をめぐってよく大騒ぎしている。蜜の好みは幅広く、さまざまな花を訪れては、先端が黒くなったまっすぐな赤いくちばしで蜜を吸う。虫媒花のアサヒカズラやランタナから、栽培種のバナナや鑑賞用のハイビスカスなどの受粉の手伝いもしている。砂糖水のえさ台も大好きで、しばしばえさ台ステーションを占領することも。灌木の繁った下生えのなかに、細かい植物繊維とクモの巣で壁の薄いカップ形の巣をつくる。

アネハヅル

Anthropoides virgo ／ Demoiselle Crane

【分類】ツル目ツル科　【大きさ】90cm

その翼はエベレストをも越える

1953年5月29日、人類ははじめて8,850mのエベレスト山頂に到達した。しかしそのずっと前から、毎年悠々とエベレスト上空を往復するものがいた。アネハヅルだ。目の後ろにおしゃれな白い飾り羽があり、ツルのなかでは最も小さい。モンゴルなどの中央アジアの平原で繁殖し、冬季はインドやアフリカに渡ってすごす。インドへ向かう渡りのコース上には、7,000 m級の山々がそびえるヒマラヤ山脈がある。その上空を編隊になって越えていく鳥を日本の登山隊が撮影し、帰国後に写真を拡大したところ、アネハヅルと確認された。

5/30

【カナリア諸島の日】

カナリア

Serinus canaria / Canary（原種 Island Canary）
【分類】スズメ目アトリ科 【大きさ】13cm（原種）

歌ってよし、姿もよし

飼い鳥のなかで最もポピュラーだが、もとを辿れば大西洋の島、カナリア諸島に生息する野生のカナリアに行き着く。野生種は茶色い地味な鳥だったが、14 世紀にスペイン人によって持ち出され、600 年の間に改良を重ね、さまざまな品種が誕生した。カナリアイエローともいわれる黄色いものがよく知られるが、巻き毛のファンシーカナリア、すらりとした体のスタイルカナリア、歌声が美しいローラーカナリア、色鮮やかなカラーカナリア、ショウジョウヒワとの交配で生みだされた赤カナリアもおり、多くの人々に愛されている。

【古材の日】

サンコウチョウ

Terpsiphone atrocaudata ／ Japanese Paradise Flycatcher

【分類】スズメ目カササギヒタキ科　【大きさ】♂ 45cm　♀ 18cm

3つの光を囀る鳥

オスはなわばりをつくると「ツィーヒーチョーホイホイホイ」と囀る。この声が「月日星ホイホイホイ」と聞こえることから3つの光、すなわち「三光鳥」と名づけられた。オスは長い尾羽が魅力的。オスメスともに小豆色の羽色にブルーのアイリングがおしゃれだ。初夏の頃、丘陵地から低山の林で繁殖する。細い枝の股や蔓に、苔や杉皮などをクモの糸で貼り合わせ逆円錐形の巣をつくる。薄暗い林を好み、オスは長い尾羽をひらひらさせて飛びまわりながら、空中や葉先の虫やクモをフライングキャッチする。

【知床 国立公園指定】

エトピリカ

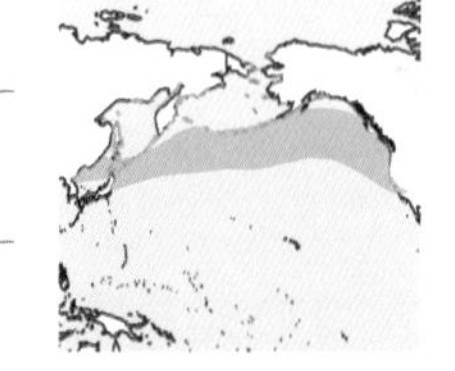

Fratercula cirrhata ／ Tufted Puffin

【分類】チドリ目ウミスズメ科 【大きさ】39cm

夏と冬で装いを変えるくちばし

アイヌ語で「美しいくちばし」という意味をもつ鳥。繁殖期の鮮やかな赤いくちばしが特徴だ。くちばしの赤い部分は表面を覆う爪のような組織で鞘とよばれる。繁殖期が終わり冬になると顔周りは一変。赤い鞘と黄色い冠羽がポロリと落ち、小さなペンギンのような姿になってしまう。北太平洋に広く分布し、日本では北海道東部の海岸や島でわずかに繁殖している。海面に浮きながら、イカナゴなどの小魚を探し、狙いを定めたら翼をゆっくり羽ばたかせて潜水。水中を飛ぶように潜って魚を追いかけ、山盛りの魚をくわえて巣に運ぶ。

6/2

【横浜港開港記念日】

アカショウビン

Halcyon coromanda ／ Ruddy Kingfisher

【分類】ブッポウソウ目カワセミ科 【大きさ】27cm

南蛮鳥が来ると雨が降る

「雨乞鳥」や「水恋鳥」とよばれ、雨の兆しを示す鳥といわれてきた。真っ赤なカワセミで、真っ赤な唐辛子（＝ナンバン）のような羽色なので、「南蛮鳥」ともよばれる。森林の湿った斜面や渓流、湖沼に生息し、カエル、カニ、カタツムリ、虫などを食べるほか水中に飛びこんで魚もとる。梅雨を迎える頃、オスは朝夕や雨降りであたりが暗い時間帯に「キョロロロロ」と大きな声で囀る。キツツキの古巣や樹洞、大きな蜂の巣に穴を掘って営巣。抱卵、育雛がはじまると、オスは餌を運び、巣穴の前で小さな声で「キョロ」と鳴いてメスに合図する。

ジュウイチ

Hierococcyx hyperythrus ／ Northern Hawk-cuckoo

【分類】カッコウ目カッコウ科　【大きさ】32cm

暗闇から聞こえる慈悲心の声

夜明け前から飛びまわり、「ジュウイチー、ジュウイチー」と繰り返し大きな声で鳴く。この声が「慈悲心」とも聞こえることから「慈悲心鳥」の別名がある。コルリ、オオルリ、クロツグミなど青い卵を産む鳥に托卵する。英名はタカに似たカッコウの意。黄色いアイリングや羽、止まり方がタカ科のツミやハイタカによく似ているため、托卵相手をよく驚かす。ひなの両翼には色や形がくちばしにそっくりな黄色い斑があり、口を開けるとひなが３羽いるように見える。そうして、ひなの数を勘違いした仮親に大量のえさを運ばせる巧みな鳥だ。

メボソムシクイ

Phylloscopus borealis ／ Arctic Warbler

【分類】スズメ目ムシクイ科　【大きさ】13cm

鳴き声に耳をすまして

ウグイス似の小鳥。日本にいる代表的なムシクイ3種は見た目がそっくりで、見ただけでは識別が難しい。見分けるポイントは鳴き声。それぞれ南の越冬地から戻る春から初夏の頃によく囀るが、高い山で繁殖するこのメボソムシクイは「ジュリジュリ」と囀り、「銭取り銭取り」と聞きなされる。低い山で繁殖するセンダイムシクイは「チヨチヨビー」と囀り「焼酎一杯ぐいー」。北の山で繁殖するエゾムシクイは「ヒィツキー」と囀り「日一月」と聞きなされ、いずれもさわやかな声をしている。ムシクイに限っては、「百見は一聞にしかず」だ。

フクロウオウム

Strigops habroptilus ／ Kakapo
【分類】インコ目フクロウオウム科　【大きさ】64cm

夜行性の飛べないオウム

夜行性のオウムで、顔つきがフクロウに似ていることから、発見時はそのままOwl Parrotと英名がつけられ、和名もフクロウオウムとなった。現在の英名は、先住民マオリの人々がよんでいたKakapoが使われている。ニュージーランドには肉食獣がおらず飛べない鳥が多く生息していたが、ほかの鳥たちと同様に人間が連れてきたイヌやネコの恰好のえじきになってしまった。飛ばずに地面をよたよた歩いて移動するフクロウオウムは、かつては国じゅうに広く分布したが、今は捕食者を完全に駆除した島で厳重に保護管理されている。

サケイ

Syrrhaptes paradoxus / Pallas's Sandgrouse

【分類】サケイ目サケイ科　【大きさ】40cm

父の胸はまるでスポンジ

漢字で書くと「砂鶏」。砂漠や乾燥地に生息するハトに近いなかまだ。薄茶の砂地に黒い小石を散りばめたような模様の羽で、乾燥地の風景に溶けこんでいる。巣は乾燥した地面に枯草などを集めてつくる。ひなが孵るとオスは水場にひとっ飛び。胸の羽を乾いた砂にこすりつけて油分をとってから、翼と尾羽を濡らさないように浅瀬に浸かり、体をゆらして胸の羽の奥まで水をしみこませ、巣に戻る。すると、ひなたちは直立姿勢で立つオスに駆け寄り、胸の羽から水を飲む。サケイは乾燥地ならではの工夫をしながら、たくましく生きている。

【女王誕生日（パプアニューギニア）】

オナガパプアインコ

Charmosyna papou ／ Papuan Lorikeet
【分類】インコ目インコ科 【大きさ】40cm

尾羽が自慢の南国のインコ

赤、緑、紫、黄色の華やかな羽をもち、パプアインコのなかではもっとも細身の体のインコといわれる。その理由は全長の半分になる、25cmほどのすっと伸びる黄色い尾羽が理由だろう。パプアニューギニアの固有種で、標高2,000mほどの高地にある森林に、群れでくらしている。標高のより高い地域には赤い上体に黒い羽の、遠くからだとほぼ真っ黒に見える色違いのタイプもいる。朝方と夕方に樹冠部で活発に採食し、オレンジ色のくちばしで花や花芽、花粉、やわらかい果実を食べている。

アカオネッタイチョウ

Phaethon rubricauda ／ Red-tailed Tropicbird

【分類】ネッタイチョウ目ネッタイチョウ科 【大きさ】80cm

美しき海の貴婦人

ネッタイチョウは名前の通り熱帯域に生息し、3 種が広い海域に分布している。なかでもアカオネッタイチョウは、全長の半分以上はある、2 本の赤く長細い尾羽が特徴だ。輝くような白い羽から「優雅な海の貴婦人」とよばれることも。海上を高く飛び、獲物のイカやトビウオを見つけると低空でホバリングをして狙いを定め海に突入する。メスへのアピールはチーム戦。尾羽を吹き流しながらひらひらと滑空する集団ディスプレイは圧巻だ。一度ペアになると、毎年同じ相手と同じ場所に巣を構える。一生添い遂げる、夫婦仲の良い鳥だ。

【ドナルドダック・デー（アメリカ）】

コールダック

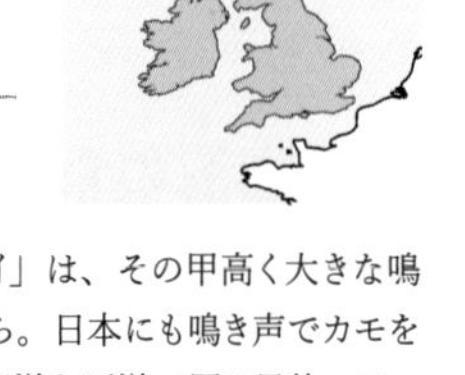

Anas platyrhynchos domestica ／ Call Duck

【分類】カモ目カモ科　【大きさ】♂ 600g　♀ 500g

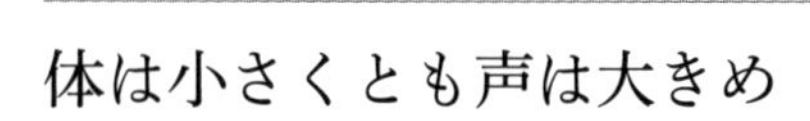

体は小さくとも声は大きめ

世界一小さく、短いくちばしの愛らしいアヒル。別名「デコイ」は、その甲高く大きな鳴き声を利用した、カモ猟のおとりに使うデコイ用品種の名から。日本にも鳴き声でカモをよぶナキアヒルがいるが、偶然にも両者の名は同じ意味。東洋と西洋で同じ目的のアヒルがつくられていたのだ。ナキアヒルはアヒルとマガモのかけ合わせでマガモと同様の羽色だが、コールダックはさまざまな色がある。羽の白いものはペットとしても期待されたが、「グェグェグェ」とうるさく、家庭で飼うには向かなかった。

【谷津干潟の日】

タマシギ

Rostratula benghalensis ／ Greater Painted-snipe

【分類】チドリ目タカシギ科　【大きさ】24cm

なんでもこなすスーパー主夫

メスはオスより体が大きく、ワインレッドに輝く首回りと白い勾玉模様のアイシャドーが魅力的。闇夜に響く「クゥーフー、コォーコォーコォー」という鳴き声もオスを呼ぶメスのものだ。メスはオスに出会うと、左右の翼を目いっぱい伸ばしてはたたむ動きを繰り返しアピールする。一妻多夫制のため、メスは複数のオスの巣に産卵したあとは、抱卵も子育てもオスにおまかせ。オスはすべてを一人でこなすスーパー主夫となる。水田、休耕田、ハス田、湿地に、繁殖期以外は小群でくらす。夕方から活動し、ミミズ、エビ、貝のほか、草の種も食べる。

6/11

【傘の日】

クロコサギ

Egretta ardesiaca ／ Black Heron

【分類】ペリカン目サギ科　【大きさ】60cm

魚を呼び寄せる黒い日傘

羽が黒い点を除けば、日本にいるコサギによく似ている。この鳥の獲物の狙い方はかなり巧妙だ。浅い水辺の漁場にくると、おもむろに翼を前につきだし、左右の先端を合わせるようにして広げ、川に黒い傘があらわれる。傘の日陰をつくりだすと、頭を倒して翼の間に突っ込んで、水面を注視。じっとその時を待つ。日差しの強いアフリカの水辺では、魚にとっても日陰はありがたい存在。呼び寄せられるよう日傘に入っていく。翼の日傘は水面の反射をカットするので、クロコサギはそれを見定め、あっという間にパクリ。頭脳戦でご馳走にありつくのだ。

【恋人の日（ブラジル）】

ショウジョウトキ

Eudocimus ruber ／ Scarlet Ibis

【分類】ペリカン目トキ科　【大きさ】60cm

南米の空を真っ赤に染める

英名の通りスカーレットの色に染まったトキで、くちばしと翼の先だけが黒い、情熱の大陸、南米が似合う鳥だ。カリブ海沿岸からアマゾン川河口、そして飛び地のようにブラジルのサンパウロ沿岸に生息している。カリブ海の南西に位置する島国トリニダード・トバゴ共和国のカロニ湿原には水鳥の大きなねぐらがあり、ショウジョウトキの大群も集まることから、国章にも描かれている。ねぐらに出入りする朝夕の時間帯に、空が真っ赤に染まる様子は圧巻。現地では一大観光スポットにもなっている。

【はやぶさの日】

ハヤブサ

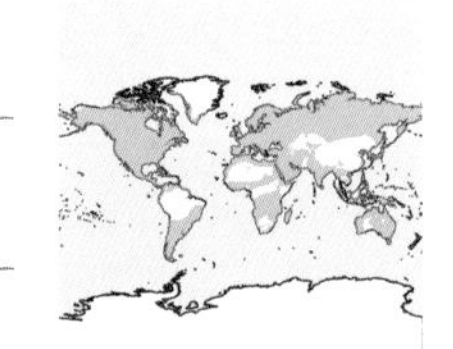

Falco peregrinus ／ Peregrine Falcon

【分類】ハヤブサ目ハヤブサ科　【大きさ】♂ 42cm　♀ 50cm

急降下のスピードは鳥類最速

日本で「はやぶさ」の名は新幹線や戦闘機、惑星探査機などにつけられ、速さの象徴になっている。本家のハヤブサは、水平飛行時は時速 100km で突き進む。そして鳥のなかで最速スピードとなる時速 300㎞を記録するのは急降下の瞬間。上空から獲物を見つけると、翼と尾羽をたたみ弾丸のような姿で急降下。あっという間に、足で獲物をわしづかみにする。海岸、川、湖沼、原野などに 1 羽かペアで生活。断崖に巣材を使わずに直接産卵する。繁殖期には「ケーケーケー」と鳴き、警戒時には「キイキイキイ」と鳴き続ける。

コマドリ

Larvivora akahige ／ Japanese Robin
【分類】スズメ目ヒタキ科　【大きさ】14cm

声はすれども姿は見えない

コマは、馬のこと。鳴き声が馬のいななきに聞こえるため、その名がついた「日本三鳴鳥」の一つ。「ヒンカラカラ」とにぎやかな囀りが谷間に響き渡る。標高の高い山地のクマザサが茂る渓流の斜面の藪を好むため、なかなか姿を見ることはできず、見回しても声の主はわからない。ポイントは地面に近い苔むした倒木の上などを探すこと。胸を張り尾羽を上げて囀るオスがいるかもしれない。なわばりのなかで虫、ミミズ、サンショウウオの幼生などを食べる。伊豆諸島で生息する留鳥のタネコマドリはIzu Robinという別種に分類された。

【オウムとインコの日】

キバタン

Cacatua galerita ／ Sulphur-crested Cockatoo
【分類】インコ目オウム科 【大きさ】50cm

黄色い冠羽がチャームポイント

人によくなつき賢く言葉もよく覚える、くるりとカールした黄色い冠羽が愛嬌たっぷりのオウム。オーストラリアの大都会シドニーでは、市内の公園でも見かける身近な存在だ。英名のSulphur-crestedは「硫黄色の冠羽」を意味する。白いオウムはオオバタン、キバタンなど、名前の最後に「バタン」がついている。これは、オランダが統治していたインドネシアの首都ジャカルタがかつて「バタビア」とよばれており、江戸時代にジャカルタからオランダ船で運ばれた白いオウムを「バタンの鳥」とよんだことが由来とされている。

【日豪友好協力基本条約締結】

キンカチョウ

Taeniopygia castanotis ／ Australian Zebra Finch

【分類】スズメ目カエデチョウ科 【大きさ】11cm

オーストラリア出身の人気者

可愛らしい佇まいと飼いやすさから人気の飼い鳥。日本に入ってきたのは明治時代で飼い鳥としての歴史は長くはないが、白、シルバー、パイド、ペンギンなど多くの品種がつくられている。野生種と同じ、灰色がメインの羽色も人気だ。オーストラリアのほぼ全域に生息し、乾燥した草原、藪、川沿いの林などに群れでくらしている。繁殖期は小群に分かれるが、非繁殖期には500羽以上の大群をつくる。成鳥は実って熟した種を食べるが、ひなにはまだ熟していない、やわらかい種や小さな虫を与えて育てる。

6/17

【釧路湿原 ラムサール条約登録】

タンチョウ

Grus japonensis ／Red-crowned Crane
【分類】ツル目ツル科 【大きさ】140cm

モテる秘訣は赤い頭

漢字では「丹頂」と書き、丹が赤、頂は頭のてっぺんを意味する。頭の赤い部分は皮膚がむき出しで、赤が鮮やかなほど健康で異性にモテる。オスが「コー」と一声鳴くと、メスは「コーコー」と二声で応える。オスの警戒や求愛の鳴き声は力強くよく響くことから、「鶴の一声」という言葉は生まれた。日本で繁殖する唯一のツルで、北海道東部の湿原に生息。冬は人里近くに集まり、川の浅瀬をねぐらとする。1950 年頃には十数羽まで減少したが、1952 年に特別天然記念物に指定され、保護活動により現在では 2,000 羽近くまで増えている。

【釣りの日（アメリカ）】

ササゴイ

Butorides striata ／ Green-backed Heron
【分類】ペリカン目サギ科　【大きさ】52cm

鳥界きっての釣り名人

白い縁のある緑色の羽毛が笹の葉によく似たサギだ。捕まえたハエをおとりとして水面に落とし、それを目当てに集まる魚をゲットする、頭脳派の釣り名人。活餌だけではなく、時には小さな葉や小枝を使ってルアー釣りをすることもある。分布は広く、世界各地の温帯から熱帯地域に生息し、得意の釣りを行う様子はアフリカやアメリカでも観察されている。日本では春に南の越冬地から戻ると、水辺近くの雑木林や社寺林に小さなコロニーをつくり繁殖。名人の名に恥じぬよう、いつでも釣りに行ける場所にすみつくのだ。

ワタリアホウドリ

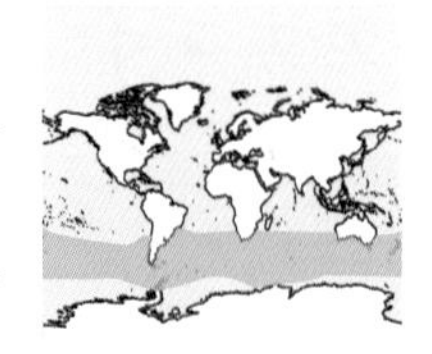

Diomedea exulans ／ Wandering Albatross

【分類】ミズナギドリ目アホウドリ科　【大きさ】135cm

世界最大級の海鳥

英名を訳すと「さすらいのアルバトロス」。空を飛ぶ鳥としては最大級で、翼を広げるとなんと 3.5m にもなる。「吠える 40 度」とよばれる南極を囲む暴風圏の海域をさすらい、大きな翼と強風を利用した帆翔飛行を繰り返しながら、くらしている。その優雅な姿は、翼を黒く縁取った真っ白なグライダーのよう。帆翔中にイカなどを見つけると、翼を広げたまま滑空。海面をめがけて降りて獲物をとる。風を使って長距離をらくらくと飛行するイメージから、アルバトロスはゴルフ用語にもなっている。

【ペパーミントの日】

アオバト

Treron sieboldii ／ White-bellied Green Pigeon
【分類】ハト目ハト科　【大きさ】33cm

雨の似合う哀愁の鳴き声

「アオ」といっても実際は緑色。声はさみしく、「オーアーオー」や「マーオ、マーオ」と切なげだ。鳴き声から「マオ」とよぶ地方もある。マオが鳴くのは繁殖期を迎える梅雨の頃。この独特な声が雨の予兆だとして、「マオが鳴くと必ず天気が悪くなる」という言い伝えがうまれた。夏になると海岸の岩礁で海水を飲み、山地では塩分のある温泉水を飲む群れを見かける。植物食で主食は木の実や果実だが、これらはナトリウムを含まないため、海水や温泉水で塩分を補給しているのではないかと考えられている。

【フルーツカービングの日】

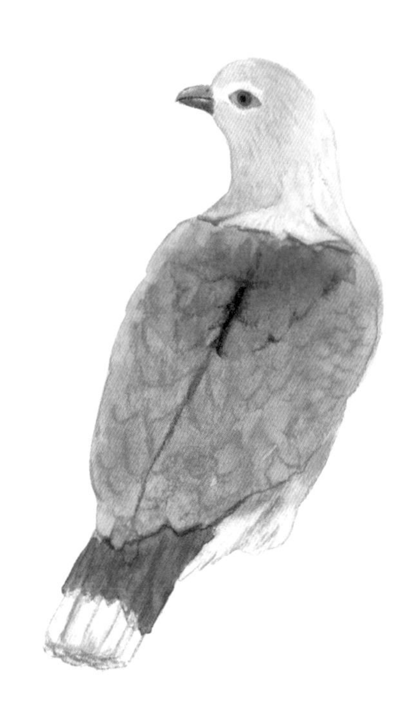

スミレオミカドバト

Ducula rufigaster ／ Purple-tailed Imperial-pigeon
【分類】ハト目ハト科 【大きさ】39cm

好物はおいしい果物

大型のハトであるミカドバトのなかまは、東南アジアからオーストラリア北部の熱帯林に生息している。なかでもスミレオミカドバトはパプアニューギニアにだけ生息しており、濃い緑の翼、すみれ色の尾羽、灰色の尾羽の先、オレンジ色を帯びた腹部とカラフルな色合いがひときわ美しい。目立つ色合いから見つけやすいようにも思うが、単独でいることが多くジャングルの緑と木漏れ日に紛れるため、見つけるのは意外にも至難の業。野生のイチジク、ヤシの実、月桂樹の実などを好んで食べてくらす、フルーツイーターだ。

ヒオウギインコ

Deroptyus accipitrinus ／ Red-fan Parrot

【分類】インコ目インコ科　【大きさ】35cm

威厳をもって王冠をかぶる

アマゾン川流域の熱帯雨林に広く分布するインコ。興奮したり警戒すると、後頭部の緋色の冠羽が扇状に立ちあがる。その姿が緋色の扇に見えることから「ヒオウギ」と名がついた。立派な冠羽は、まるでインカの王がかぶっていた王冠のよう。扇の羽からお腹の羽は水色に縁どられた赤色で、遠くから見ると紫色に見え、背の緑色とのコントラストがとても美しい。大きな鉤型のくちばしと鷹のような鋭い顔つきから、Hawk Headed Parrot ともよばれているが、凶暴そうな見た目とは裏腹に、果実やヤシの実、花などを食べる植物性の食性だ。

【リチャード・バック（『かもめのジョナサン』作者）誕生日】

マゼランカモメ

Larus scoresbii ／ Dolphin Gull

【分類】チドリ目カモメ科　【大きさ】45cm

世界で最も派手なカモメ

白の上下に黒いラインと大きな襟が特徴の水兵服。「カモメの水兵さん」のイメージ通り、カモメのなかまは尾羽やお腹が白く、黒っぽい翼をもっている印象が強い。マゼランカモメはそんなカモメのイメージにアクセントカラーを利かせた。深い紅色のくちばしと足、白い虹彩を囲む赤いアイリングと、赤ピンク色が白い体と黒い翼によく映える。英名のDolphin Gullは、南米南端のクジラやイルカが生息する海域の海岸や島に生息しているためにつけられた。寝ているアザラシやペンギンのコロニーの周囲で、しばしば見ることができる。

【妖精の日】

ヤイロチョウ

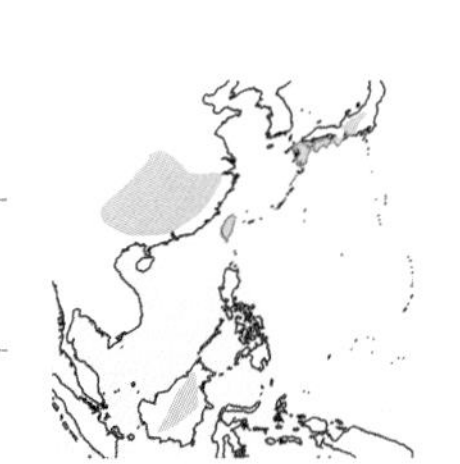

Pitta nympha ／ Fairy Pitta

【分類】スズメ目ヤイロチョウ科　【大きさ】18cm

8つの色をまとう森の妖精

茶、黄、黒、エメラルドグリーン、白、コバルトブルー、赤、ピンク。頭から足にかけて8つの色をもつ、英名の通り妖精を彷彿とさせる美しい鳥だ。日本では夏鳥として、本州中部から九州にかけての低い山地の薄暗い森林で局地的に繁殖。秋には越冬地のボルネオに渡る。オスは「ホーヘン、ホーヘン」と口笛のような軽快な響きの声で囀る。大木の根元や岩の割れ目に苔で巣をつくると、敵に見つからないよう枯れ葉でカムフラージュ。地上を跳び歩き、ミミズ、虫、サワガニなどをとって食べる。

6/25

【天覧試合の日】

コトドリ

Menura novaehollandiae / Superb Lyrebird

【分類】スズメ目コトドリ科 【大きさ】♂ 103cm ♀ 80cm

鳴きまね鳥のチャンピオン

オスのもつ竪琴のような美しい尾羽が名前の由来。全長は 1m を超え、5,000 種以上いるスズメ目の小鳥のなかで最大の鳥だ。オスの十八番は、求愛時に披露する鳥の鳴きまね。なわばりに 10 カ所ほどのステージをつくると、尾羽を頭の上まで倒し、メスへの求愛ディスプレイダンスを踊る。ダンスに合わせるのは、周囲に生息する鳥の鳴きまねを組み合わせたオリジナルの囀りメドレー。20 種以上の鳥のまねをするオスもいる。さらには自動車のエンジン音や人の声など鳥以外の音を取り入れる強者も。レパートリーの多いオスほどモテるのだ。

『366日の誕生鳥辞典 ―世界の美しい鳥―』
発売記念イラスト原画プレゼントキャンペーン

書籍購入者さま限定、抽選で10名様に当たる！

当書籍の絵を手がけたイラストレーター倉内渚が、
愛鳥や、好きな鳥のイラストをお描きします！

応募期間 2021.9.23〜11.30(23:59)

1枚につき1羽お描きいたします。絵は2L(B6)サイズでお部屋に飾りやすい大きさです。
チークもしくはホワイトどちらかのフレームに入れた状態で原画をお届けいたします。
※フレームの色は指定できません

①購入された書籍の表紙
②描いてもらいたい鳥の
写真を用意します

1枚に表紙と鳥が写っていても、表紙と鳥が2枚に分かれていてもOK

TwitterもしくはInstagramに
以下のハッシュタグと
メンションをつけて
ご投稿ください

#366日の誕生鳥辞典
#366日の誕生鳥辞典キャンペーン
@nagisa_world1

@nagisa_world1からの
♥がつきましたら
ご応募受付完了です！

たくさんのご応募
お待ちしております！

発表 12/4（土）

当選者様へ「@nagisa_world1」よりDMをお送りします。
当選されなかった方へのご連絡はいたしませんので、ご了承ください。

応募詳細・注意事項はウラ面をご覧ください→

応募いただく鳥のお写真について

- 対象の鳥がわかりやすいお写真を用意していただくか、投稿のキャプションにてどの鳥を描いてほしいかをご記入ください。
- 全身が写っているお写真をご用意ください。
- 複数投稿も OK ですが、お描きできるのは1アカウントにつき1羽とさせていただきます。
- ご自身で飼われている鳥に限らず、ご自身が撮影、または撮影者の許諾を得た鳥のお写真があれば応募可能です。
- 応募写真は撮影者の許諾を得たものとみなします。
- 法律上の理由により、すでにウェブ上で公開されている画像（いわゆる拾い画）の無断転載が判明した場合、お送りいただいてもお描きできません。

注意事項

- SNS を使用したキャンペーンです。Twitter、もしくは Instagramのアカウントをお持ちであることが条件となります。
- 非公開アカウントでは投稿内容が確認できないため、抽選対象は公開アカウントの方のみとさせていただきます。
- 投稿されたお写真や当選者様の完成イラストは、ウェブ上で紹介させていただく可能性があります。ご了承いただける場合のみご応募ください。
- 募集期間を過ぎてのご応募は、抽選対象外とさせていただきます。

本キャンペーンの利用規約については、
こちらからご確認ください

いろは出版

マダガスカルトキ

Lophotibis cristata ／ Madagascar Crested Ibis
【分類】ペリカン目トキ科 【大きさ】50cm

アイアイの国のド派手なトキ

日本で最も有名、かもしれない猿のアイアイもすむ、マダガスカル共和国。島の約８割の動植物が固有種で、鳥類でもこの島にしか生息しない種類が多くいる。日本のトキと同じように華やかな冠羽が特徴のマダガスカルトキもその一つ。全体は赤褐色で翼は白く、冠羽は金属のような光沢の緑色だ。ディスプレイ時は冠羽を広げ、王冠をかぶっているような凛々しい姿でメスにアピール。ペアになると森林でくらし、ひなが巣立ってもしばらくは家族群で行動する。長いくちばしで昆虫、カタツムリ、カエルなどを捕らえて食べる。

6/27

【サングラスの日（アメリカ）】

ゴシキチメドリ

Himalayas

Myzornis pyrrhoura ／ Fire-tailed Myzomis
【分類】スズメ目ズグロムシクイ科　【大きさ】12cm

黄緑色のちびっこギャング

まるでサングラスのような黒いアイマスクがとてもクール。涼しげな目元に対し、極小さな体にメジロとキクイタダキを足して２で割ったようなぽってりとしたフォルム。見た目はまるで、ちびっこギャング。目元の黒色に、羽は目をひく黄緑色、翼の先は白く、お尻はオレンジ色、尾羽の縁が赤い五色の小鳥だ。ヒマラヤの標高2,000mのシャクナゲ林や竹藪でくらし、夏は4,000mを超える地点でも観察される。メジロのように下側に小さくカーブしたくちばしで花の蜜を吸い、小さなクモや昆虫をとる。

【貿易記念日】

カンムリカイツブリ

Podiceps cristatus ／ Great Crested Grebe
【分類】カイツブリ目カイツブリ科 【大きさ】56cm

美しい水草を求めて潜水

日本最大のカイツブリ。沿岸や内湾、大きな川や湖沼に冬鳥として飛来するが、近年は滋賀県の琵琶湖や青森県の小川原湖など国内の繁殖地も増えている。単独か数十羽の群れで行動し、潜水して魚をとる。夏羽姿のディスプレイは見ごたえ十分。広い淡水域でオスとメスが向き合いながら首を左右に振り、冠羽を耳のように立てる。その後、オスは水中に潜り水草をくわえて浮上しメスにプレゼント。お気に召さなければポイと捨てられ、気に入られるとその水草を巣材にして営巣をはじめてもらえる。素敵な水草をゲットすることが勝負のカギだ。

6/29

【セーシェル独立記念日】

セーシェルルリバト

Alectroenas pulcherrimus ／ Seychelles Blue-pigeon
【分類】ハト目ハト科 【大きさ】24cm

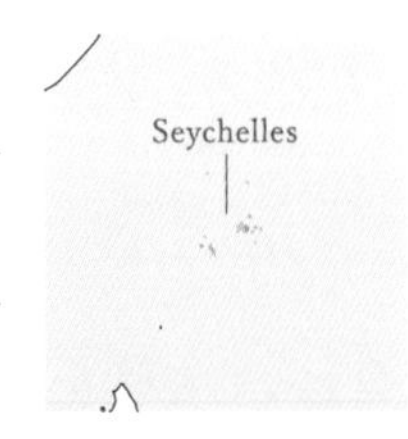

稀な存在の青いハト

「アオバト」と名のつくハトは 90 種ほどが知られているが、実際は緑色のハトの総称だ。青い色をしたハトは「ルリバト」とよばれ、こちらはわずか 3 種だけ。その一つがセーシェルルリバトだ。枝に止まっていると首から胸は明るい灰色で、翼、腹から尾羽が深い藍色の、正真正銘の青いハトだ。濃淡のある藍色に、額とアイリングの鮮やかな赤色がよく映える。インド洋に浮かぶセーシェル島の固有種で、山の林に生息し、果実、シナモンベリー、野生のグァバ、木の実、タネなどを、地面を歩きまわって探して食べる。

コンゴクジャク

Fropavo congensis ／ Congo Peafowl

【分類】キジ目キジ科　【大きさ】♂ 70cm　♀ 60cm

たった１枚の羽から発見された

コンゴの森で、地元民が帽子につけていた１枚の羽が見つかったのは 1913 年。23 年後の 1936 年にようやく、この羽がアフリカにはいないとされていたクジャクのなかまのものだと判明した。コンゴクジャクのメスは、緑色の羽とふわふわした冠羽をもつ。これが同じキジのなかま、マクジャクによく似ていたため間違えられてしまい、1914 年からベルギーのコンゴ博物館にあったコンゴクジャクの標本には「マクジャクの若鳥」と書かれていた。希少種だが現在は飼育下での繁殖に成功し、日本では横浜のズーラシアで会うことができる。

【琵琶湖の日】

カイツブリ

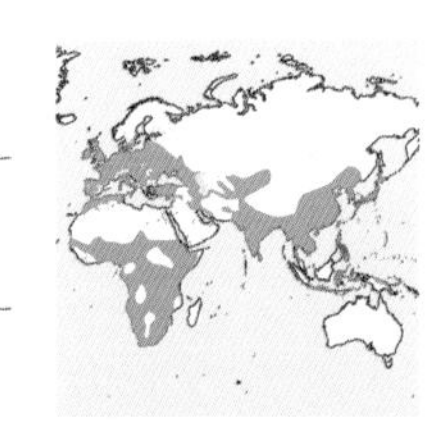

Tachybaptus ruficollis ／ Little Grebe

【分類】カイツブリ目カイツブリ科　【大きさ】26cm

得意技は潜水

湖沼、川、河口、内湾などで見られる潜水の名人。漢字では「水に入る鳥」として「鳰」があてられ、カイツブリが生息する琵琶湖は、「鳰（にお）の海」ともよばれる。都会でもお堀や公園など、少し広い水面があれば、ペアでなわばりをつくり「キリキリキリ」と甲高い声でよく鳴く。水草や杭、水面に垂れ下がった枝に枯れ草や水草を積み上げ、一見すると水面に浮かぶように見える巣をつくることから、不安定な様を示す「鳰の浮き巣」という言葉が生まれた。潜水しては小魚や、エビ、水生昆虫をとり、ザリガニも足やはさみを器用にもぎとって食べる。

【飛行船初飛行】

ノゴマ

Calliope calliope ／ Siberian Rubythroat

【分類】スズメ目ヒタキ科 【大きさ】16cm

日の丸をふるわせ歌を届ける

北海道の海岸の茂みや草原、山地の花畑で繁殖する小鳥で「野にすむ駒鳥」というのが名前の由来。オスは高い草や枝に止まり「チョイチョイチューイ」と大きな声で囀る。オスはルビー色ののどを意味する英名の通り、美しい赤色ののどをふるわせて囀る。この様がよく目立つことから、北海道では「日の丸」の愛称でよばれている。尾羽を上げ下げしながら地上を跳ね歩き、虫やミミズをとり、木の根元などにボール状のやや横向きの巣をつくる。渡りの時期には本州以南の平地でも見られ、秋には中国南部や台湾へ渡り越冬する。

7/3

【波の日】

シロアジサシ

Gygis alba ／ Common White Tern
【分類】チドリ目カモメ科　【大きさ】30cm

汚れなき純白の海の鳥

アジサシのなかまは頭や羽の一部に黒が入っているが、シロアジサシは唯一、全身が純白。熱帯・亜熱帯の海洋島や、植生のあるサンゴ礁の島に生息している。小さな魚やイカを海面でとり、オスはメスに求愛給餌をし、機嫌をうかがって仲良くなればペアとなる。巣をつくらない鳥で、大きな木の水平に生える枝のちょっとした窪みに卵を１つ産んで抱卵する。ひなの足指にはしっかりとした爪があり、枝の上で親の運ぶ小魚の給餌を受けて育つ。南太平洋のサモア諸島海域には、世界最大の１万ペアはくだらないコロニーがあり、一面純白の景色は圧巻だ。

【アメリカ独立記念日】

ハクトウワシ

Haliaeetus leucocephalus ／ Bald Eagle

【分類】タカ目タカ科　【大きさ】♂ 71cm　♀ 96cm

誇り高きアメリカの象徴

アメリカの国鳥は、先住民から崇高な鳥と崇められてきたハクトウワシだ。1782 年に世界初の国鳥として選ばれ、アメリカの国章や紙幣などにその威厳ある姿が描かれてきた。海岸、河川、湖沼などの水辺にくらし、主に魚をとるが、カモやノウサギをも食べる。オスとメスは空中で足をからませくるくると回転するようにして求愛ダンスを舞い、ペアになると生涯添い遂げる。乱獲や農薬汚染、森林伐採により一時は絶滅の危機にあったが、保護活動により復活。現在はアメリカ各地で観察されるようになった。

【江戸切子の日】

ルビーキクイタダキ

Regulus calendula ／ Ruby-crowned Kinglet

【分類】スズメ目キクイタダキ科　【大きさ】10cm

ルビーの王冠をかぶる小さな王様

キクイタダキは小鳥のなかでも世界最小のグループで、黄色から赤色の冠羽をもっている。ルビーキクイタダキは冠羽がルビーのような赤い色で、日本で見られるキクイタダキのような黒い縁取りのある黄色ではない。英名にある Kinglet とは「小さな王様」という意味。普段はあまり目立たないが、興奮すると冠羽が立ち、まるでルビーの王冠をかぶっている風貌をしていることからその名がついた。繁殖地はアラスカからカナダにかけての北米北部で、冬はアメリカ合衆国からメキシコ、中米へ渡ってすごす。

7/6

【ピアノの日】

ショウジョウインコ

Indonesia

Lorius garrulus ／ Chattering Lory
【分類】インコ目インコ科　【大きさ】30cm

オランダ船でもたらされた

深紅のインコで、翼と尾羽の先はオリーブ色を帯びた緑色。本来は森林にくらすインコだが、開発によって切り開かれた農地、ヤシ園などにもあらわれる。インドネシアのモルッカ諸島の島々に生息し、江戸時代の日本にもオランダ船で輸入されていた。赤いインコという意味で「猩々鸚哥（ショウジョウインコ）」や「緋音呼（ヒインコ）」と名づけられ、当時の図鑑にもすでに載っている。綺麗な見た目とものまねもできる賢い鳥として人気があり、ペット用としての乱獲が続いた結果、現在は希少な鳥となりワシントン条約で輸出が規制されている。

7/7

【コンドルの日（エクアドル）】

アンデスコンドル

Vultur gryphus ／ Andean Condor

【分類】コンドル目コンドル科　【大きさ】♂ 130cm　♀ 100cm

南米の聖なるシンボル

翼を広げると最大 3.2 mにもなり、飛ぶ鳥のなかでは南米最大。古代インカの時代から信仰の対象として崇められた、聖なる鳥だ。日本でも有名な楽曲「コンドルは飛んでいく」では、アンデスの峰々をバックに優雅に舞うコンドルが表現されている。南米エクアドルでは国旗に描かれ、国鳥にも定められている。さらに 7 月 7 日は「コンドルの日」として保護に取り組んでいる。エクアドルのみならず、アンデス山脈が連なるコロンビア、ボリビア、チリの国々でも国鳥になっていることからも、いかに皆から大切にされている鳥かわかるだろう。

ヒムネバト

Gallicolumba luzonica ／ Lozon Bleeding-heart

【分類】ハト目ハト科　【大きさ】30cm

血の胸をもった愛妻家

まるで胸を撃たれたかのような、赤い斑をもつハト。「血の心臓」という意味の強烈な英名は、誇張ではないと思わされる。地上性のハトで、首を上下に動かしながら赤くて長い足を使って大股で軽やかに歩き、種やベリー、昆虫やミミズを食べる。ペアでくらし、普段のオスは穏やかで、愛するメスに対してはとても愛情細やか。巣材の枝や葉を運び、巣づくりを手伝う。抱卵中のメスにも甲斐甲斐しくえさを運び、時々交替して卵やひなを抱く。一方、なわばりへの侵入者には態度を一転。胸の赤斑を楕円形に膨らませて威嚇し、攻撃する。

【第1回ウィンブルドン選手権開催】

ラケットハチドリ

Ocreatus underwoodii ／ Booted Racket-tail

【分類】ヨタカ目ハチドリ科　【大きさ】♂ 15cm　♀ 8cm

自慢のラケットでパチパチ

オスの尾羽の中央の長く伸びた2本の羽の先には、輝く青いラケット。長く連なるアンデス山脈に生息するラケットハチドリは、ときに交差する、露出した羽軸の先端にラケット羽をもつ。オスは体全体が輝く緑色だが、羽の形や長さは、生息するアンデス山脈のエリアによって異なる。オス、メスともに足にふわふわの羽毛をもち、その色も白やオレンジ色だったりと違いがある。ホバリングや急降下を組み合わせたディスプレイ飛行では、そのふわふわの足の羽毛を見せ、長い尾羽のラケットを打ち合わせてパチパチと音を立てて飛び回る。

【バハマ独立記念日】

ベニイロフラミンゴ

Phoenicopterus ruber ／ American Flamingo
【分類】フラミンゴ目フラミンゴ科 【大きさ】130cm

恋の季節はみんなで行進

フラミンゴのなかで最も大きく、その姿は目にも鮮やか。キューバの北からアメリカのフロリダ半島の東に連なるたくさんの島からなるバハマでは、国鳥に指定されている。海辺の湿地にはベニイロフラミンゴが群れており、多数で集まって生息するため、一帯はピンクの絨毯を敷きつめたような見事な風景ができる。繁殖期のディスプレイはとても独特でユニーク。集団で体を寄せ合い、いっせいに首を伸ばして頭を高くあげる。そしてあげた頭を左右に振りながら一定のリズムで行進していく。リズミカルな様子はなんとも楽しげだ。

ハチクイ

Merops ornatus ／ Rainbow Bee-eater

【分類】ブッポウソウ目ハチクイ科　【大きさ】20cm

ミツバチにとってはイヤな存在

名前の通り、ハチが大好物。見晴らしのよい木の枝、電線、フェンスなどに止まって油断なく周囲に目を配り、昆虫が通るとすぐに飛び立ち、くちばしで巧みに捕らえる。捕らえたのがたとえ毒針をもつメスのミツバチでも、ハチのお腹を枝に擦りつけ、毒針を潰してから食べるという賢さがある。前から見ると緑色でのどが黄色、背はコバルト色とカラフル。真ん中の尾羽が細く長いおかげで、全身はほっそりとした印象だ。オーストラリアを中心に生息しているが、1904 年 7 月に一度だけ宮古島で記録されたため、日本の鳥類図鑑にも掲載されている。

コグンカンドリ

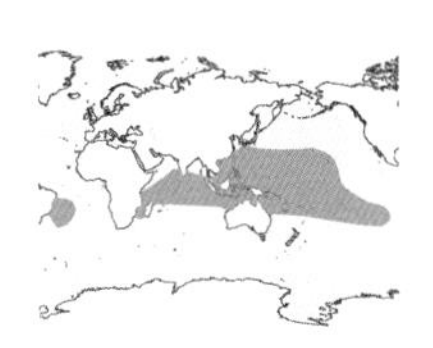

Fregata ariel ／ Lesser Frigatebird
【分類】カツオドリ目グンカンドリ科　【大きさ】80cm

権威と自由の象徴

南太平洋に位置するキリバス共和国。国旗には波と太陽とグンカンドリが描かれている。太平洋の大海原を飛行するグンカンドリは権威と自由の象徴だ。このキリバスで繁殖しているのは少し小ぶりなコグンカンドリ。飛んでいても、樹上に下りても目立つのが、ポーチとよばれる赤い風船のようなのど袋だ。オスは小枝を集めた巣の上で、赤いポーチを目いっぱい膨らませ、「ホロロロロ…」と鳴きながら震わせる。これは、頭上を飛ぶメスに見せびらかしてアピールするしぐさ。メスが巣に下り、オスに寄り添ってくれると、カップル成立だ。

7/13

【国際岩石の日】

イワツバメ

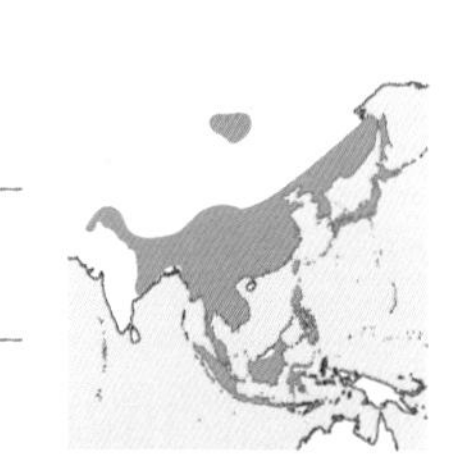

Delichon dasypus / Asian House Martin

【分類】スズメ目ツバメ科 【大きさ】15cm

都会ぐらしも慣れたもの

モノトーンの丸っこいツバメ。かつては山地の崖や山小屋、高原の温泉宿などで集団でくらしていたが、近年は東京郊外でも駅やビル、橋の下などの建造物につくった巣から顔をのぞかせる。ツバメのように下に台がなくても大丈夫なのが、イワツバメの真骨頂。岸辺や田んぼの畔から泥と枯れ草を運び、垂直な壁に貼りつけるようにして上手に巣をつくる。「ピリッ、ジュリ、チイ」と鳴きながら群れで飛び、カやガなどの昆虫を捕らえて食べる。秋になれば越冬地の東南アジアへ渡り、春先にまた帰ってくる。

カワラヒワ

Chloris sinica ／ Oriental Grennfinch

【分類】スズメ目アトリ科　【大きさ】15cm

地味な小鳥とは言わせない

名前の通り、川原で小さな群れをなしている。畑や周辺の林に多くくらし、公園や住宅地でも見られる。地味な小鳥なのでその姿を探すのは難しいが、「チュイーン、キリキリコロコロ」という特徴のある鳴き声で気がつくことが多い。木の梢や電線に止まって鳴き、飛び立つと、翼の黄色い帯状の羽がチラリと見えて美しい。えさ台のヒマワリの種や麻の実、花壇のヒマワリに実を見つけて集まり、くちばしで殻を割って食べる。つがいになるとオスはメスに求愛給餌をして愛を深め、林の外れや公園の木に巣をつくる。

7/15

【マンゴーの日】

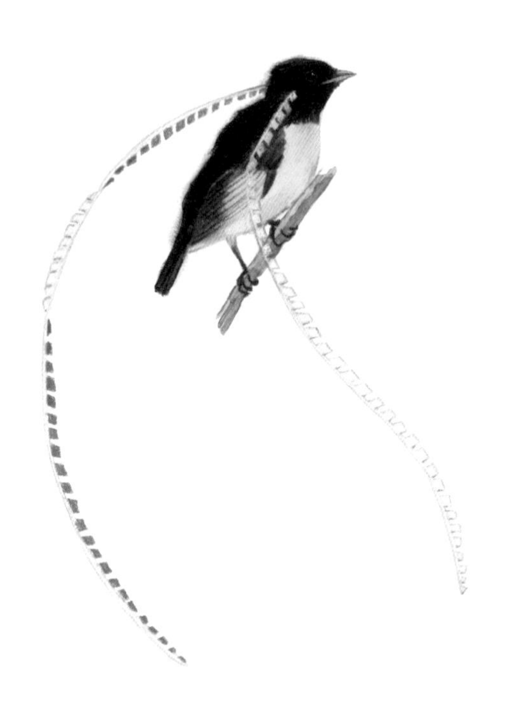

フキナガシフウチョウ

Pteridophora alberti／King of Saxony Bird-of-paradise
【分類】スズメ目フウチョウ科　【大きさ】22cm

吹き流しダンスはまるで新体操

オスの頭、人でいうこめかみのあたりから突き出ている「吹き流し」状の2本の飾り羽が、この鳥の風変わりな特徴だ。長さは全長の2倍もある。ディスプレイのときはこの吹き流しを、頭皮の筋肉だけで自在に振り回す。繁殖期間中は、細い枝や蔓の上をリズミカルに跳びはねながら、吹き流しを使ってメスにアピールする。ニューギニアの高地の雲霧林に生息し、吹き流しは部族の伝統衣装やパプアニワシドリの東屋の装飾などにも使われている。鳴き声までも風変わりで、放電の雑音や水の流れ、赤ん坊をあやすガラガラのような音にも聞こえる。

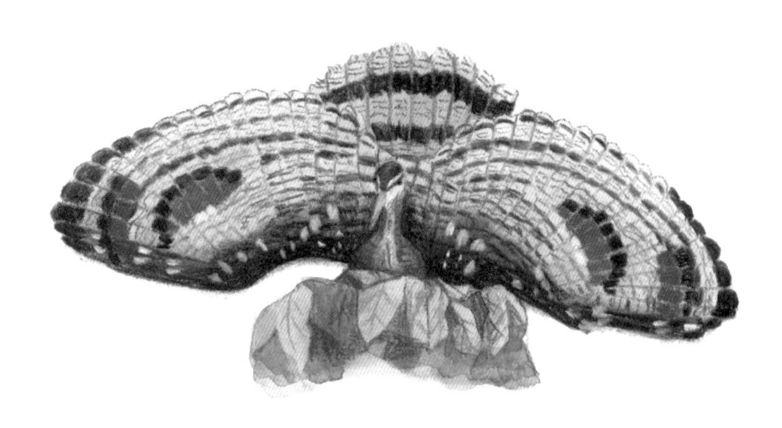

ジャノメドリ

Eurypyga helias ／ Sunbittern

【分類】ジャノメドリ目ジャノメドリ科　【大きさ】45cm

飛び道具は翼の「蛇の目」

一見ド派手にも見える羽色は、彼らがくらす南米のジャングルの水辺では、木漏れ日に紛れ迷彩色になっている。川の流れに沿って身を小さくし、気配を消して歩きながら魚やカエル、トカゲなどをキャッチする。そこへ敵が近づくと、パッと翼を広げ左右の蛇の目模様を見せつける。相手は急に体が大きくなり、大きな目玉の得体のしれない動物に睨まれたと、引き下がってしまう。英名に入っているSunは蛇の目模様を太陽に見立てた命名。ペアの仲は良く、抱卵も子育ても一緒に行いひなを育て上げる一面も持っている。

7/17

【七十二候「鷹乃学習（たかすなわちわざをならう）」】

クマタカ

Nisaetus nipalensis ／ Mountain Hawk-eagle

【分類】タカ目タカ科　【大きさ】♂ 72cm　♀ 80cm

日本最大のタカ

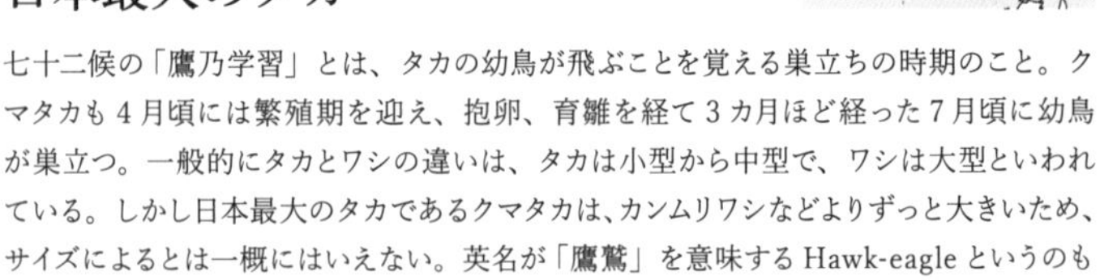

七十二候の「鷹乃学習」とは、タカの幼鳥が飛ぶことを覚える巣立ちの時期のこと。クマタカも4月頃には繁殖期を迎え、抱卵、育雛を経て3カ月ほど経った7月頃に幼鳥が巣立つ。一般的にタカとワシの違いは、タカは小型から中型で、ワシは大型といわれている。しかし日本最大のタカであるクマタカは、カンムリワシなどよりずっと大きいため、サイズによるとは一概にはいえない。英名が「鷹鷲」を意味するHawk-eagleというのも納得だ。山地の森林にペアでなわばりをつくってくらし、ノウサギやヤマドリなどをとる。

アフリカキヌバネドリ

Apaloderma narina ／ Narina Trogon

【分類】キヌバネドリ目キヌバネドリ科 【大きさ】32cm

固く結ばれた夫婦の絆

ケッアールなどの中南米やアジアのキヌバネドリに比べると落ち着いた黄緑色ではあるが、美しい赤い腹部と黄色いくちばしがよく目立つ。サバンナの林からジャングルまで広く分布し、イモムシなど昆虫の幼虫や、シロアリ、ヤモリ、カエルを食べる動物食だ。一夫一妻でくらし、オスは1～2haのなわばりを守り、侵入してくるライバルを追い払う。樹洞や切り株の穴に営巣し、数年にわたって使用。抱卵はメスが行い、オスは巣穴の警戒に当たる。ペアの絆がとても強い鳥だ。

【北壁の日】

ルビーハチドリ

Clytolaema rubricauda ／ Brazilian Ruby

【分類】ヨタカ目ハチドリ科　【大きさ】11cm

きらりと輝く首飾り

小型のハチドリで、全体に輝く緑色の羽に翼と尾羽が赤褐色、目の後ろにはくっきりとした白斑がある。オスはのどに深紅の部分があり、まるでルビーの首飾りのよう。メスは腰から腹がすべてシナモンオレンジ色で愛らしい。まっすぐなくちばしは、ユーカリやバナナの花の蜜を含め、さまざまな食物を摂取するのに適した形。生息域ではよく見られるハチドリで、オスもメスもなわばり意識が強く、ほかのペアを見かけると追い払う。高い水平の枝にやわらかいカップ形の巣をつくり、外側を地衣類という苔のような菌類で覆ってカモフラージュする。

7/20

【弥栄神社 鷺舞神事（7月20日・27日）】

コサギ

Egretta garzetta ／ Little Egret

【分類】ペリカン目サギ科　【大きさ】61cm

夏はおしゃれの季節

シラサギのなかで一番小さいことと、足指が黄色いことからチュウサギやダイサギと識別できる。羽繕いは、爪が櫛状になっている前側の真ん中の一番長い指でチョチョイと器用に行う。川、水田、池、干潟、海岸などにくらし、都会を流れる川や池でも観察できる。食事は浅瀬で足をブルブルとふるわせて、魚や水生昆虫、エビを追い立てながらとる。春から夏にかけての夏羽の時期は、頭に細長い粋な冠羽をつけ、背と胸はレースのような飾り羽で着飾り、目のまわりがピンク色に染まる。とってもおしゃれな繁殖期の装いだ。

7/21

【ベルギー建国記念日】

チョウゲンボウ

Falco tinnunculus ／ Common Kestrel

【分類】ハヤブサ目ハヤブサ科　【大きさ】♂ 30cm　♀ 33cm

都会に馴染む猛禽類

ベルギーでは国鳥に指定されている小型のハヤブサ。平地から山地の川原、畑、草地など開けた環境で見られる。狩りのときは上空からホバリングするか、杭や低い木の枝に止まって待ち伏せをし、地上にいるネズミやモグラ、小鳥、バッタなどを見つけて、一気に急降下。一瞬で獲物を襲い、捕らえる。得意のホバリングは、細い翼で素早くはばたいて空中に静止する姿が見事だ。本来は崖の窪みに巣をつくっていたが、最近では市街地のビルなどに営巣するものが増加中。繁殖期にオスが「キッキッキッ」と鳴くと、メスは「キーキーキー」と応える。

コウロコフウチョウ

Lophorina victoriae ／ Victoria's Riflebird
【分類】スズメ目フウチョウ科　【大きさ】25cm

情熱あふれる扇子の舞

オスの求愛ダンスがユニークな、オーストラリアのフウチョウ。高い木の出っ張りや棒杭の上に陣取り、翼をまん丸な扇子のように広げ、バサッバサッと独特な音を立てて舞う。その姿は過去にテレビ CM に使われたこともある。メスが踊り場にやって来ると、口を広げて喉元の鮮やかな黄色と玉虫色の飾り羽を見せつけ、翼と翼を合わせ「OK！」と言わんばかりの大きな丸をつくりウェイディングポーズを決める。そして左右に体を揺らしながら、どんどん加速しメスに接近。メスがその情熱に応え、飛び去らなければ求愛成功の合図だ。

7/23

【英霊記念日（パプアニューギニア）】

オウゴンフウチョウモドキ

Sericulus aureus ／ Masked Bowerbird

【分類】スズメ目ニワシドリ科　【大きさ】25cm

派手な羽色と地味な東屋

オスは黒いのどと尾羽、風切り羽のほかは全体が黄金色で、頭から背にかけての羽はオレンジ色を帯びる。ニワシドリ科のオスは繁殖期が近づくと、メスへのアピールのために枝や茎でできた屋根と柱のある東屋と、お気に入りグッズを飾った庭をつくる。オスが地味な羽色の種ほど大きく立派な東屋をつくる傾向があり、科のなかで最も派手な色のオウゴンフウチョウモドキの東屋は小さくごくシンプル。紫色や青色の木の実、黄色っぽい葉、カタツムリの殻などを飾った庭から、茶色いメスが東屋を気に入って通過すると、カップルが成立する。

カグー

Rhynochetos jubatus ／ Kagu
【分類】ジャノメドリ目カグー科 【大きさ】55cm

南の島のミステリアスな鳥

7月24日はニューカレドニアのナショナルデー。国鳥のカグーは類縁関係の鳥がいない分類上特異な鳥で、一番近い親戚といわれているのは、中南米に生息しているジャノメドリ。まだまだ謎の多い鳥だ。黒と白のしま模様がある灰色の翼を広げ、冠羽を扇状に立てる求愛ディスプレイでメスにアピールする。飛ばない鳥だが、飛べなくなった理由は、ニューカレドニアには天敵がいなかったから。人がイヌやネコなどを持ち込むようになってからは、捕食されて減少。今は限られた地域で厳重に保護されているが、1,000羽前後しか生き残っていない。

7/25

【最高気温記念日】

オナガ

Cyanopica cyanus ／ Azure-winged Magpie

【分類】スズメ目カラス科 【大きさ】37cm

隣の家をお手伝い

流れるような空色の翼が美しいこの鳥は、実はカラスのなかま。見た目に似合わない「ギューイ、ゲェー」という賑やかな鳴き声を聞くと納得できるはず。分布はかたよっているが、町や都会でも見られ、庭のえさ台にも飛んでくる。小さな群れでえさを探しながら移動し、虫、果実、木の実などのほか、小鳥の卵やひなを食べてしまうことも。繁殖の時期には雑木林や街路樹に枝を重ねて営巣する。一方で仲間思いな一面もあり、独身のオスはヘルパーとしてほかのペアの子育てを手伝う。繁殖が終わったペアもほかの巣のひなにえさを運び、糞の掃除を手伝うなど世話焼きな鳥だ。

【キューバ革命記念日】

キューバコビトドリ

Todus multicolor ／ Cuban Tody

【分類】ブッポウソウ目コビトドリ科　【大きさ】10cm

カラフルで小さなカワセミの親戚

コビトドリのなかまはカリブ海の島々に５種類が生息している、とても小さい鳥。キューバコビトドリは背が緑色、のどは赤、白、青の３色で、上くちばしは黒色、下くちばしは赤色とメルヘンチックな配色だ。オスメスともにブーンという翼音をたてて飛び交う求愛ディスプレイを行う。つがいで小枝に止まり、空中を飛ぶ昆虫を見つけると、素早く飛び立ちフライングキャッチ。葉の上にいる獲物は、瞬間的にホバリング飛行を行い捕まえる。カワセミやハチクイのなかまと同じく土手に巣穴を掘り、抱卵も育ひなもオスとメスが共同で行っている。

セイタカシギ

Himantopus himantopus ／ Black-winged Stilt

【分類】チドリ目セイタカシギ科　【大きさ】37cm

愛称は、水辺のバレリーナ

すらりと長く赤い足をもつ、背の高い白黒ツートンカラーのシギ。浅い水辺で見ることができる。小さな群れで「ピューイー」と鳴きながら長い足をまっすぐ伸ばして飛ぶ姿や、浅瀬を優雅に歩きまわっている姿はとても軽やかで、「水辺のバレリーナ」の愛称をもつ。日本では珍しい旅鳥だったが、東京湾や三河湾周辺で繁殖するようになった。干潟、水田、河口、海岸沿いの池に小群で生活し、浅瀬に入って首を左右に振りながら、小さなカニやエビ、小魚、虫などの獲物を見つけて食べてくらしている。

アンデスイワドリ

Rupicola peruvianus ／ Andean Cock-of-the-rock
【分類】スズメ目カザリドリ科 【大きさ】32cm

恋の行方はメス次第？

南米アンデスの標高 2,000 m前後の渓谷やジャングルに生息。オスは濃いオレンジ色と黒のツートンカラーで、メスは地味なこげ茶色。繁殖期にはレックという集団求愛場を形成し、50 羽近いオスが集まり、あたりは鮮やかなオレンジ色に染まる。オスは直径 1m ほどのコートで冠羽を前方に大きく膨らませて猛アピール。メスは樹上から品定めし、お眼鏡にかなったオスのもとに舞い降りる。カップル成立、かと思いきや、横恋慕するオスもおり、なかなか複雑な恋模様。交尾の成功率は、邪魔したオスのほうが高かったという報告もある。

【世界トラの日】

トラツグミ

Zoothera aurea ／ White's Thrush

【分類】スズメ目ツグミ科　【大きさ】30cm

世間を賑わせた怪鳥の正体

4月から7月の繁殖期に、夜中に「ヒィー、ヒュー」と口笛のようなか細い寂しげな声で囀る鳥。さらに「キーン、キーン」という金属を鳴らしたような声も出すため、とある山中ではUFOが下りたと警察が出動する騒ぎになったことも。これらの鳴き声は昔から不気味がられ、『平家物語』や『源平盛衰記』に登場する妖怪「鵺（ぬえ）」の正体とされてきた。一方、真昼間に見る姿は堂々としたもの。名前の由来となった、トラ柄を思わす黒い縁取りのある金色のうろこ状の羽を持つ、日本で一番大きく、強そうな見た目が魅力的なツグミだ。

7/30

【ボルチモア設立日】

ボルチモアムクドリモドキ

Icterus galbula ／ Baltimore Oriole

【分類】スズメ目ムクドリモドキ科　【大きさ】20cm

羽色のおかげで名を授けられる

アメリカのメリーランド州の都市、ボルチモア。この都市だけに生息する鳥、というわけではなく、カナダから北米東部の広い地域で繁殖し、冬は中米などで多く見られる鳥だ。なぜ一都市の名がついたのか。それはボルチモア市を設立した、ボルチモア卿のオレンジ色の紋章がこの鳥の羽色とよく似ていたことから、名誉ある名がついたそうだ。ボルチモアが本拠地のメジャーリーグチーム、ボルチモア・オリオールズの名前の由来になり、チームロゴやマスコットのモチーフにもなっている。チームのユニホームは、もちろん鮮やかなオレンジ色だ。

コウノトリ

Ciconia boyciana ／ Oriental Stork

【分類】コウノトリ目コウノトリ科 【大きさ】110cm

蘇った、鳴かない鳥

コウノトリは鳴かない鳥だ。鳥の発声器官である鳴管は、気管と気管支の分かれるところにあり、気管筋によって調整されている。この気管筋がないため鳴くことがないのだ。求愛ディスプレイでは、首を反らせて上下のくちばしをカタカタカタ…とカスタネットのようにたたき合わせるクラッタリングで音を出す。かつては日本各地で繁殖していたが、日本の個体は一度絶滅。その後、海外からもらいうけた個体の繁殖に成功し、2005 年秋には野生種の繁殖地だった兵庫県豊岡市で放鳥された。2020 年には野外で 221 羽が確認されている。

【水の日】

アオアシカツオドリ

Sula nebouxii ／ Blue-footed Booby

【分類】カツオドリ目カツオドリ科　【大きさ】80cm

足の色は空の色

澄み渡る空にも負けないほど鮮やかな、スカイブルーの足をもつ海鳥。ガラパゴス諸島を中心に繁殖している。魚をとるために、大群で一斉にくちばしから海に飛び込む様子は、空から降り注ぐ矢のよう。足の青さは健康のバロメーターで、鮮やかな青色の足をもつオスこそよくモテる。オスはその鮮やかな足を交互に上げ下げする愉快なダンスをしながら、「ヒョーヒョー…」とホイッスルのような声で鳴いて、メスにアピール。メスが翼を大きく広げ、くちばしと尾羽を反り返らせて空に向けて上げるスカイポインティングのポーズをとれば、カップル成立だ。

8/2

【金銀の日】

キンケイ

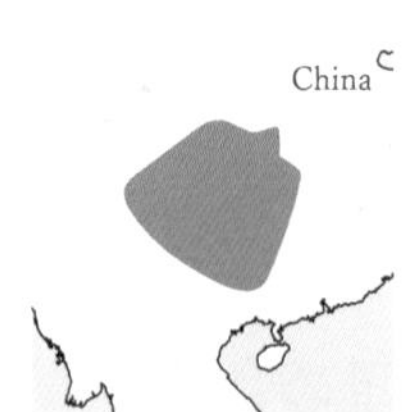

Chrysolophus pictus ／ Golden Pheasant

【分類】キジ目キジ科　【大きさ】♂ 115cm　♀ 70cm

どこをとっても極彩色

1万種いるといわれる鳥類のなかでも、特にきらびやかな鳥といえるだろう。オスは頭に金髪を思わせる冠羽をかぶり、腰の羽も足も輝く黄金色で、襟は縁の黒いオレンジ色の飾り羽で覆われている。極彩色で目をひく姿に加え、活発な性格で飼いやすいことから、室町時代には中国から輸入され日本でも飼育されていた。繁殖期の4月頃になるとオスはライバルに対して攻撃的になり、口笛のような声をあたりに響かせる。メスには自慢の襟飾りを広げて顔を覆い、きらびやかな羽を見せつけてディスプレイをする。

【はちみつの日】

ハチクマ

Pernis ptilorhynchus ／ Oriental Honey-buzzard
【分類】タカ目タカ科　【大きさ】♂ 57cm　♀ 61cm

ハチに刺されたって気にしない

名前に鳥の要素はないが、由来は「ハチを食べるクマタカに似たタカ」から。特に地面に巣をつくるクロスズメバチを好み、ハチの巣を掘りだして幼虫を食べる。要領のよいハチクマは、養蜂家がミツバチの世話をする際に捨てる巣の端を狙って養蜂箱にやってくる。ハチに刺されることもあるが平気なうえに、平気である理由はよくわかっていない。北海道から本州の山地の林で大木の樹上に大きな巣をつくり、毎年利用する。ひなにもハチの巣を運び幼虫を食べさせるが、カエルや小鳥なども与える。秋に南に渡るときは山の峠や海の岬を多数で通過する。

8/4

【国際フクロウ啓発デー】

フクロウ

Strix uralensis / Ural Owl

【分類】フクロウ目フクロウ科　【大きさ】50cm

闇に生きる森の賢者

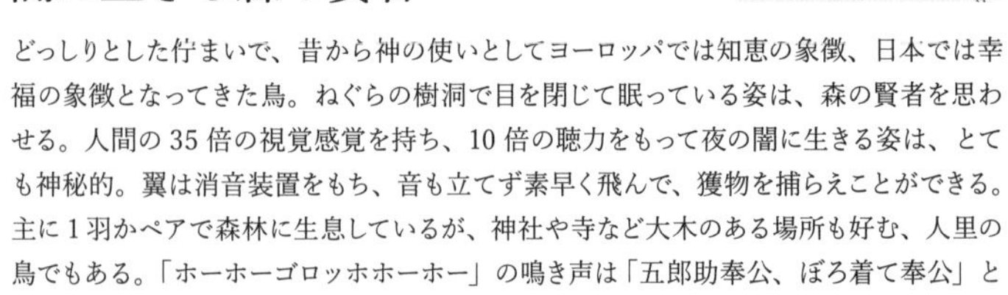

どっしりとした佇まいで、昔から神の使いとしてヨーロッパでは知恵の象徴、日本では幸福の象徴となってきた鳥。ねぐらの樹洞で目を閉じて眠っている姿は、森の賢者を思わせる。人間の35倍の視覚感覚を持ち、10倍の聴力をもって夜の闇に生きる姿は、とても神秘的。翼は消音装置をもち、音も立てず素早く飛んで、獲物を捕らえことができる。主に1羽かペアで森林に生息しているが、神社や寺など大木のある場所も好む、人里の鳥でもある。「ホーホーゴロッホホーホー」の鳴き声は「五郎助奉公、ぼろ着て奉公」と聞きなされてきた。

ニュウナイスズメ

Passer rutilans ／ Russet Sparrow

【分類】スズメ目スズメ科　【大きさ】14cm

スズメとどこが違う？

見た目も鳴き声もスズメに似ているが、どこか違う。よく見てみるとスズメにはある頬の黒い斑点がない。さらにオスは赤茶色、メスは灰褐色と、オスとメスの羽色が異なるのも大きな違いだ。北日本では平地から山地の畑や林、本州中部では高原で繁殖する。畑や川原で草の種や穀類、虫を好んで食べ、樹洞やキツツキの古巣、家のすき間に枯れ草や動物の毛を集めて営巣する。「チュン、チィー」とスズメに似た声で鳴き、オスの早口な囀りが特徴。秋から冬に群れになり、低地や暖かい地方に移動する。

【ジャマイカ独立記念日】

フキナガシハチドリ

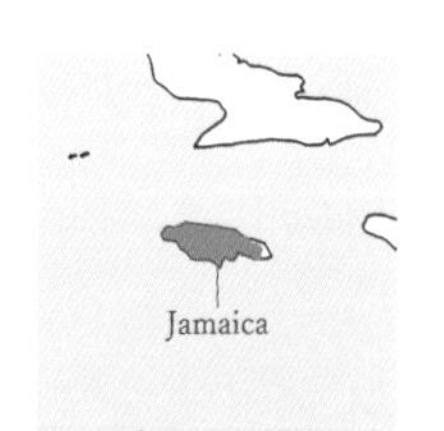

Trochilus polytmus ／ Red-billed Streamertail

【分類】ヨタカ目ハチドリ科　【大きさ】♂ 30cm　♀ 11cm

正装に身を包むドクターバード

ジャマイカの国鳥で、先住民アラワク族からは「神の鳥」として崇められてきた。ジャマイカの固有種だが現地では珍しくなく、かなりよく見られる鳥。街なかの公園や庭先にもあらわれる。頭の後ろに向かって長く伸びる頬の羽が黒い襟巻きに、長い尾羽が燕尾服にと、格式高い装いに見えることから Doctor Bird の愛称で国民に親しまれている。オスは外側から 2 番目の尾羽が極端に長く伸び、全長の半分以上を占めている。この尾羽を「テゥティティ」と鳴きながら震わせ、賑やかに飛びまわる。

【花の日】

ルリミツドリ

Cyanerpes cyaneus ／ Red-legged Honeycreeper
【分類】スズメ目フウキンチョウ科 【大きさ】12cm

期間限定の瑠璃色

「ルリ」の名を冠するが、瑠璃色なのは繁殖期のオスのみ。この頃のオスは紫がかった青色の羽をまとい、水色の冠羽を立ててメスにアピールする。繁殖期が終わると一転、オスもメスと同じ緑色の羽になる。熱帯林に生息し林縁にも出てくるため、コーヒーやカカオのプランテーションでも見ることができる。花の咲く樹木の近くを飛びまわり、下側にカーブした細長いくちばしでハチドリやタイヨウチョウのように花蜜を吸い、花の受粉も手伝っている。小さな虫も上手にフライングキャッチ。葉の茂みに隠れる虫や、小さな果実も見つけて食べる。

【ひげの日】

ヒゲワシ

Gypaetus barbatus ／ Bearded Vulture

【分類】タカ目タカ科 【大きさ】115cm

ひげ面の骨割り名人

くちばしの付け根から下がる立派な羽毛は、黒いひげのようでとてもダンディー。大好物は動物の骨髄。山岳地の上空を旋回して、ユキヒョウなどの肉食獣やほかのワシが倒したヤギやヒツジを探す。動物の亡骸から骨を見つけると、チャンスをうかがい、わしづかみにして空に舞い戻る。さらに上空から岩の上に骨を落として割り、中の骨髄を食べるのだ。ヨーロッパのアルプス山脈にも生息していたが、20 世紀初めに絶滅。オーストリアのアルペン動物園で殖やし、野生復帰させる作戦が成功しており、個体数は徐々に復活してきている。

キゴシタイヨウチョウ

Aethopyga siparaja ／ Crimson Sunbird

【分類】スズメ目タイヨウチョウ科　【大きさ】♂ 15cm　♀ 10cm

熱帯の真っ赤な太陽

東南アジアに広く生息し、分布の真ん中あたりにあるシンガポールでは国鳥として大切にされている。オスは上体が夜明けの太陽を思わせるような深紅色で、翼と尾羽は緑色から紫色と鮮やか。「キゴシ」の名の通り、腰にちらりと見える黄色い羽が特徴だ。メスはオリーブ色の地味な羽色をしている。ペアか単独、ときには家族で赤い花に集まり、素早く飛びまわりながら花から花へと移動し、蜜を吸って花粉を舐める。カーブしたくちばしを花に差し込み蜜を吸うことで、花の受粉を助けている。

アカガシラカラスバト

Columba janthina nitens ／ Red-headed Woodpigeon

【分類】ハト目ハト科 【大きさ】40cm

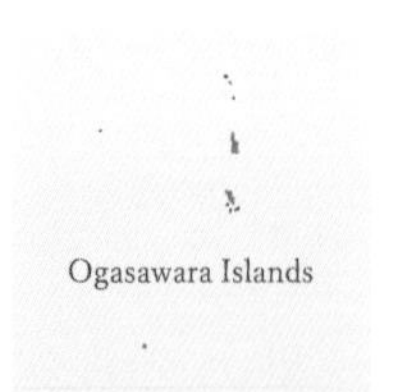

世界で最も希少なハト

8月10日「鳥と人の共生の日」のシンボルであるハト。アカガシラカラスバトは日本固有種のカラスバトの亜種で、小笠原諸島にのみ生息している。頭から首にかけて赤ワインを思わす赤紫色で、襟は光沢のある緑色を帯びている。小笠原諸島に人が住みはじめると、人への警戒心がないハトは簡単に捕まり食料とされ、もう一種いたオガサワラカラスバトは絶滅。アカガシラカラスバトもネズミなどに卵を食べられ、現在は100羽以下しか確認されず、世界一個体数の少ないハトとなった。アカガシラカラスバトとの共生は日本人の課題の一つだ。

【山の日】

コシジロヤマドリ

Syrmaticus soemmerringii ijimae / Iijima's Copper Pheasant
【分類】キジ目キジ科 【大きさ】♂ 136cm ♀ 53cm

鳴き声は静かでも羽音は激しい

ヤマドリは日本の山にすむ代表的な鳥で、なかでも主に鹿児島県でくらしているのが、腰の白いコシジロヤマドリだ。ヤマドリは日本固有種で、渡りなどの移動をしないため生息域による特徴が維持され、地域により羽色が少しずつ異なる。一山隔てた熊本県のアカヤマドリは全身が赤銅色だ。よく似た見た目のキジに比べると、暗い林でくらし、樹木の間を垂直に飛びあがったりと森のなかを上手に飛んで移動する。鳴き声は「ククク」と静かで目立たないが、繁殖期のオスは、ドドドドドと激しく羽ばたかせて打ち鳴らす母衣打ちでなわばりを宣言する。

8/12

【グロリアス・トウェルフス（アカライチョウの狩猟解禁・イギリス）】

アカライチョウ

Lagopus scotica ／ Red Grouse

【分類】キジ目キジ科　【大きさ】43cm

ジビエで召し上がれ

イギリスでは8月12日はグロリアス・トウェルフス。美食家を魅了する、アカライチョウの狩猟解禁日かつお祝いの日。イギリス北部とアイルランドに生息し、大きさは日本のライチョウと同じくらいで姿もよく似ているが、羽色はかなり赤みを帯び、年中同じ色味だ。同種とされることもあるヌマライチョウは北半球北部に分布し、ノルウェーなど北極圏では冬季は白く衣替えをする。オスの求愛ディスプレイでは、翼を垂らして気取って歩き、「ゴアーゴアー」としゃがれた声で鳴いてメスにアピールする。コケモモの実、カバノキの芽、色々なベリーを食べる。

【国際左利きの日】

アカエリカイツブリ

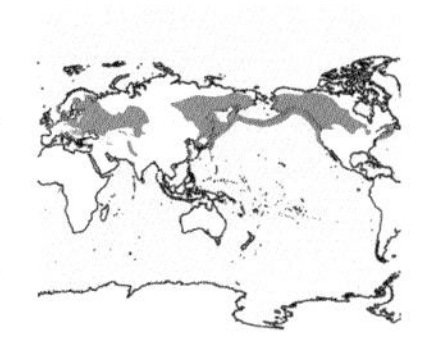

Podiceps grisegena ／ Red-necked Grebe
【分類】カイツブリ目カイツブリ科 【大きさ】47cm

夏になると美しい羽に衣替え

日本各地の沿岸や内湾に冬鳥として飛来する渡り鳥。カイツブリとしては大型で、冬羽はこげ茶に白色と地味な姿だが、繁殖期の夏羽は襟から首にかけてがレンガ色の美しい姿に変身する。日本で夏に見られるのは、北海道のサロベツ原野や釧路湿原の沼地。これらの場所で、夏羽をまとった少数のペアが繁殖している。オスが「アーアー」と鳴くと、メスが「キキキ」と応え、冠羽を立てて水上でペアダンスのようなディスプレイを見せてくれる。ペアになると、オスがメスに巣材の水草を渡して水面に巣をつくり、抱卵も子育ても仲良く一緒に行う。

8/14

【パキスタン独立記念日】

イワシャコ

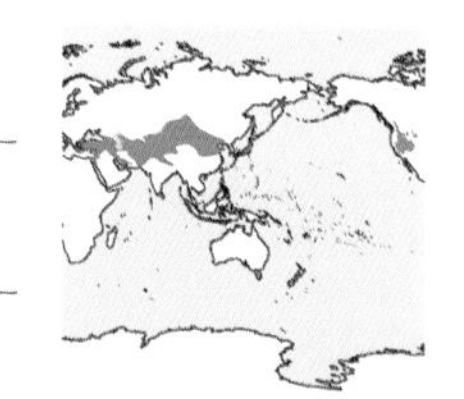

Alectoris chukar ／ Chukar

【分類】キジ目キジ科　【大きさ】37cm

乾燥地に生きる鳥

同じキジ科のコジュケイを少し大きくしたサイズで、くちばしと足が赤い派手な鳥。中央アジアから西アジアの、乾燥して木が少なく岩が露出した山地などに生息する。昔から地元の人々にとって大切な狩猟鳥で、パキスタンでは国鳥になっている。北アメリカで放鳥され定着し、日本でも放されたが、もともと乾燥地の鳥なので気候が合わず定着しなかった。羽色は乾燥地の地上くらしに適応した黄土色で、お腹はクリーム色に小豆色のまだらなしま模様がある。丸々とした体で地面を機敏に歩きながら、草の種や実、球根や根、昆虫などを食べる。

オウギワシ

Harpia harpyja ／ Harpy Eagle

【分類】タカ目タカ科 【大きさ】♂ 90cm ♀ 105cm

世界最強のワシ

「世界最強のワシ」といわれるが、最強なのはメス。体重4kgほどのオスに対し、メスは倍以上の9kgにもなる。英名はギリシャ神話に登場する、顔から胸が女性、下半身と翼が鳥の魔物であるハーピーにちなみ、和名は扇状の冠羽に由来する。サル、ナマケモノ、コンゴウインコ、イグアナなどの樹上性の動物を狩ることが多いが、地上で大型のネズミのアグーチや家畜のブタをも強力な爪で捕らえる。食物連鎖の頂点に位置する動物として、広大なジャングルをなわばりとしている。その風格から、独立と勇ましさの象徴としてパナマの国章にも描かれている。

ゴジュウカラ

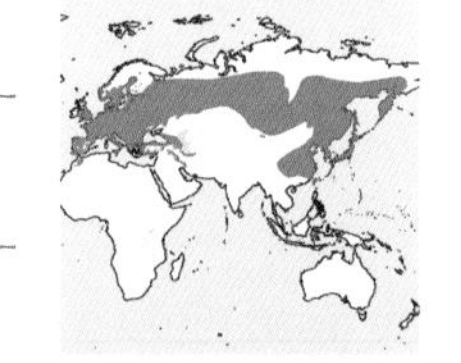

Sitta europaea ／ Eurasian Nuthatch
【分類】スズメ目ゴジュウカラ科　【大きさ】14cm

アクロバティックな逆さ歩き

頭を下にして逆さまに木の幹を下りることができる小鳥で、これは日本ではゴジュウカラだけができる得意技だ。山地の森林に生息し、落葉広葉樹林で多く見られる。木の幹に逆さまに止まったり、横枝の下側を這いまわったりしながら、虫やクモを探す。木の実も食べ、堅い実は木の割れ目にはさみ、つつき割って食べる。「フイフイ」と高い声で囀り、「ビビビビ」と続けて鳴く。キツツキの古巣に泥を塗り、入口を自分サイズに狭めて利用する。北海道の平地にはお腹の白いシロハラゴジュウカラがおり、こちらは札幌市内の公園でも会うことができる。

アオエリヤケイ

Gallus varius ／ Green Junglefowl

【分類】キジ目キジ科 【大きさ】♂ 70cm ♀ 40cm

人を楽しませる野生のニワトリ

ジャワ島から東の小スンダ列島に生息する野生のニワトリ。名前につく「アオ」は緑色のこと。襟には光沢のある濃い緑色のうろこ状の羽が並び、輝いている。オスのトサカには切れ込みがなく、内側から外側に向けて青から青紫色のグラデーションになり、肉垂れは赤、青紫、黄色の３色からなる。鳴き声はよく知るニワトリとは違い、「チャウ、ワウ、ウァク」とちょっと独特。ジャワ島にはセキショクヤケイも生息しているが自然界では交雑しない。地元ではニワトリと掛け合わせ、羽色やトサカ、鳴き声の変化を比べて人々を楽しませている。

【高校野球記念日】

コノハズク

Otus sunia ／ Oriental Scops-owl

【分類】フクロウ目フクロウ科 【大きさ】20cm

名前を譲った「声の」ブッポウソウ

「ブッキッコー」「カキットー」と聞こえる鳴き声は「仏法僧」と聞きなされる。日本で最も小さなフクロウで、薄暗い山地の森林に生息し、またの名を「声のブッポウソウ」。夜行性でなかなか姿を見せないため、この声は長らく昼間によく見られるブッポウソウのものと思われていたが、のちにコノハズクの声と判明した。毎年同じ場所、時期に夏鳥として戻り、北海道では平地の森でも繁殖する。昼間は樹洞をねぐらや営巣に使い、夜間はガやコガネムシなど飛んでいる虫をとる。赤茶色の羽のコノハズクはカキズクとよばれる。

【俳句の日】

ブッポウソウ

Eurystomus orientalis ／ Oriental Dollarbird

【分類】ブッポウソウ目ブッポウソウ科　【大きさ】30cm

仏法僧と信じられてきた鳥

川や湖に近い大木がある林にすみ、社寺の大木に営巣することから「仏法僧」の名がついた。そして千年以上もの間、「仏法僧」というありがたい言葉で鳴くと信じられてきた。しかし、その鳴き声は実は、同じく薄暗い森にくらすコノハズクの声。コノハズクは夜行性でなかなか鳴いている姿は確認できず、昼間によく目立つブッポウソウの声と思われていたのだ。実際は「ブッポウソウ」とはほど遠い「ゲェ」という鳴き声で、見晴しのよい枝や電線から飛び立ち、空中で虫をとる。樹洞が減り、渓流に架かる鉄橋の穴や巣箱を利用するものが増えている。

8/20

【瑠璃カレーの日】

コルリ

Larvivora cyane ／ Siberian Blue Robin

【分類】スズメ目ヒタキ科 【大きさ】14cm

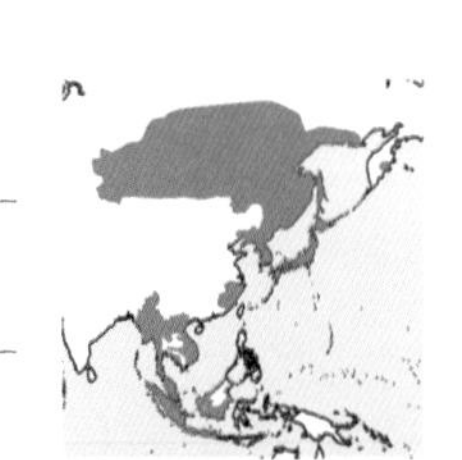

会えたら嬉しい森の宝石

茂みにくらし、なかなか姿をあらわさない小鳥。オスは茂みから出て少し高い枝で囀るので、運良く見かけることができれば、その美しい瑠璃色の羽に心奪われるはずだ。囀りは「チッチッチッ」と尻上がりの前奏ではじまり「ピンツルルル、チージョキジョキジョキ」と続く。亜高山帯までの山地の落葉広葉樹林にくらし、ササや灌木などの下生えが茂る場所を好む。ペアでなわばりをつくり、地上の倒木のわきなどに松葉、枯れ枝、落ち葉などでカップ状の巣をつくる。秋になると越冬地の東南アジアへ渡り、翌春にはなわばりに帰ってくる。

ベニタイランチョウ

Pyrocephalus rubinus ／ Vermilion Flycatcher
【分類】スズメ目タイランチョウ科 【大きさ】14cm

聴かせる声の暴君

南北アメリカ大陸に450種ほどが生息しているタイランチョウの一種。この和名は英語のTyrant、つまり「暴君」が由来。攻撃的で単独で気に入った樹上の枝に陣取り、飛んでくる昆虫を捕らえ、侵入者を追い払う。地味なタイランチョウが多いなかで、ベニタイランチョウのオスは鮮やかな朱色のいでたち。オスは空中で朱色の羽を見せつけて、豊かな旋律の震える声で囀りながらライバルを威嚇。メスには求愛のアピールをする。そんな豪快さが魅力の鳥だ。

8/22

ルリヤイロチョウ

Hydrornis cyaneus / Blue Pitta
【分類】スズメ目ヤイロチョウ科 【大きさ】23cm

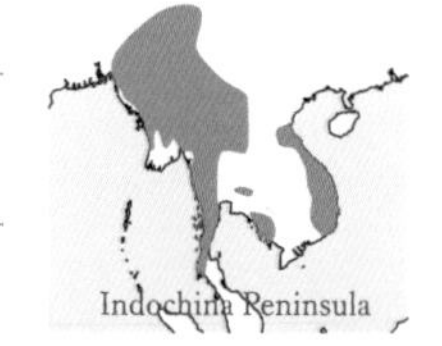

木漏れ日に紛れるカラフルな羽

名前の通り瑠璃色のヤイロチョウで、翼と尾羽のスカイブルー、首の後ろのオレンジ色が鮮やか。メスの翼は茶色だが、尾羽はオスのように青く、首の後ろのオレンジ色も同じく鮮やかだ。これほど色彩豊かなのに、常緑の森や竹林では木漏れ日に紛れ、かえって目立たない。林床を跳ねとびながら、くちばしで地面を掘って虫やミミズを探しだす。切り株や岩に寄り添うように、木の枝や竹の葉などを集めて大きな巣をつくる。抱卵はオスとメスが交替で、協力してひなを育てる。

【キューバンサンドイッチデー（アメリカ）】

キューバキヌバネドリ

Priotelus temnurus ／ Cuban Trogon

【分類】キヌバネドリ目キヌバネドリ科　【大きさ】25cm

国旗をまとった小さな国鳥

緑系統の羽色が多い中南米に生息するキヌバネドリのなかでは、青色の印象を受けるキューバキヌバネドリ。キューバの全土の森に生息するキューバの固有種で、オスの青、赤、白の３色の羽色が国旗を思わせることから国鳥に選ばれた。飼育は困難で「かごに入れると悲しみで死ぬ」といわれており、自由を愛する国民性にマッチしたのも理由の一つだろう。キヌバネドリのなかまでは最小種で、その身の軽さから得意のホバリング飛行をしながら花、つぼみ、果実や昆虫をとって食べる。

8/24

【ドレッシングの日】

キンミノフウチョウ

Cicinnurus magnificus ／ Magnificent Bird-of-paradise

【分類】スズメ目フウチョウ科　【大きさ】19cm

愛を示す黄金のケープ

オスは尾羽の左右に１本ずつカールした針金状の羽をもち、オスメスともに濃く青い足がよく目立つ。特徴的なのは、名前にもあるオスの翼と肩にかかる明るい黄金色のケープ。これを使って、印象的なケープディスプレイを行う。まずは地面近くの細い枝に止まり、枝に対して直角になるまでぐっとのけぞる。そして玉虫色に輝く緑の前掛けのような羽を大きく広げて、オスより上の枝に止まるメスに黄金色のケープを見せつける。メスは上からじっとオスのダンスを品定めし、気に入れば晴れてペアが成立する。

【東京国際空港開港記念日】

ズグロウロコハタオリ

Ploceus cucullatus ／ Village Weaver

【分類】スズメ目ハタオリドリ科　【大きさ】17cm

動物たちに人気の巣

自慢の巣はすべて鳥自らが編んでつくったもの。ハタオリドリの名の由来にもなった独特の巣を編むのは、オスの仕事。細長い草で器用に足場となる輪をつくり、球状の籠を仕上げると、巣の中に軽い草の葉を敷きつめる。巣が完成する頃にメスがすみつき産卵し、メスだけで卵を抱き、ひなを育てる。その間オスは新しい巣づくりにいそしむ。1シーズンに20個の巣を編んだものいるとか。空いている巣はほかの鳥に利用されるだけでなく、居心地が良いのか、コウモリやヘビが入っていることも。サバンナや川沿いの林などに生息し、村落にもくらしている。

【ナミビアの日】

ミナミベニハチクイ

Merops nubicoides ／ Southern Carmine Bee-eater

【分類】ブッポウソウ目ハチクイ科 【大きさ】27cm

赤と緑の大集団

カーミンレッドに、頭と腰の緑色の羽を持つ鮮やかな鳥。ナミビアからモザンビークにかけてのアフリカ南部で繁殖し、乾季になると北上してコンゴなどに渡る。ハチクイのなかまは大きな群れで繁殖するが、ミナミベニハチクイは、数百から数千羽の巨大な集団になることもある。サバンナの川岸の土壁の崖に穴を掘って営巣するので、彼らがいる場所には数千もの穴ぼこの並んだ不思議な崖が出現する。その穴は深く、3m になることも。奥深い穴のおかげで安全に卵を抱き、ひなを育てることができる。

【宮沢賢治 誕生日】

ヨタカ

Caprimulgus jotaka ／ Grey Nightjar
【分類】ヨタカ目ヨタカ科 【大きさ】29cm

夜になるとタカに変わる

漢字では「夜鷹」と書くが、タカではなくアマツバメなどのなかまに近い。昼間は倒木の枝などに止まり、木のこぶに化けて静かにすごす。卵は地面に産み、抱卵中も落葉に化ける。その姿を見ると、やはりタカとは思えない。しかし夜になると一転、空を飛ぶ、翼の先がとがったシルエットは勇壮なタカそのものだ。一見小さく見えるくちばしは大きく横に開き、飛びながら虫をとることができる。繁殖期のオスは林の上を飛びまわりながら「キョキョキョ」と鳴く。この声が包丁でなますを切る音に似ていたため「なますたたき」ともよばれていた。

【気象予報士の日】

イカル

Eophona personata ／ Japanese Grosbeak
【分類】スズメ目アトリ科　【大きさ】23cm

鳴き声で天気予報

聞きなしはユニークで、イカルが「赤べこきー(赤い着物を着ろ)」と鳴くと晴れ、「蓑笠きー(簑笠を着ろ)」と鳴くと雨になるといわれる。太く黄色いくちばしをもった大きめの小鳥で、「キーコーキー」と口笛のような声で鳴く。平地から山地の林で繁殖し、高い枝に大きなカップ状の巣をつくる。冬は暖地に小群で移動し、雑木林や周辺の畑で草や木の種、ムクノキやヌルデのやわらかい実や木の芽を食べる。子育て時には、虫をたくさんとってひなに与える。漢字では「斑鳩」と書き、奈良県の斑鳩（いかるが）ではかつて、群れを成してくらしていたそうだ。

【マイケル・ジャクソン誕生日】

キモモマイコドリ

Ceratopipra mentalis ／ Red-capped Manakin
【分類】スズメ目マイコドリ科　【大きさ】10cm

ムーンウォークでアピール

マイケル・ジャクソンさながらのムーンウォークを披露する鳥がいる。薄暗いジャングルでも目立つ、真っ赤な顔に黒いボディー、黄色の足が鮮やかなキモモマイコドリのオスがその正体。繁殖期には、数羽のオスがレックとよばれる集団ディスプレイ場に集まり、ダンスを競い合う。水平な枝に待機し、オリーブ色のメスがやってくると、ショータイムの幕開け。黄色い足が見えるよう前かがみになって尾羽を上げ、羽でバシッバシッと音を出しながら、枝の上を滑るように移動するムーンウォークを披露。メスの審査基準にかなえばカップル成立だ。

【冒険家の日】

ムラサキオーストラリアムシクイ

Malurus splendens ／ Splendid Fairy-wren
【分類】スズメ目オーストラリアムシクイ科　【大きさ】14cm

一夫一妻の浮気鳥

オスは繁殖期を迎えると、全身が光沢のある青と紫の鮮やかな羽になり、求愛ディスプレイでは頬や頭の瑠璃色の羽を逆立て、尾羽を上げて囀る。鳴く姿勢は英名 Fairy-wren（ミソサザイの妖精）の通り、ミソサザイに似ている。一夫一妻制で、ペアと子で構成する家族群のなわばりでくらしているが、実はひなのほとんどがペア以外のオスとの間にできた子。オスはよく、黄色い花びらをくわえてメスにプレゼントするが、その相手はペア以外のメス。ただしこれは浮気ではなく、こうして家族群での近親交配を防いでいると考えられている。

【I Love You の日】

イタハシヤマオオハシ

Andigena laminirostris ／ Plate-billed Mountain-toucan
【分類】キツツキ目オオハシ科 【大きさ】50cm

求愛給餌が夫婦の絆

8月31日は、8つの文字・3つの単語・1つの意味をもつI Love Youの日。イタハシヤマオオハシの愛の証明は給餌。メスは樹洞の巣にこもってオスに餌をせがみ、オスは求愛給餌を行う。主食は果実だが、ひなには昆虫など動物質を与えて育てる。アンデスの高地にすむオオハシの一種で、標高2,000m前後の雲霧林にくらす。大きなくちばしは黒く、基部は赤色で、上くちばしの両側に黄色い板状の模様がある。目の周りは上側がブルーのアイシャドー、下側が黄色で、後ろ側は黄緑色。くちばしの赤を含め、全身賑やかな色彩だ。

9/1

【宝塚歌劇団レビュー記念日】

オナガキジ

Syrmaticus reevesii ／ Reeves's Pheasant

【分類】キジ目キジ科　【大きさ】♂ 210cm　♀ 75cm

この羽はトップスターの証

華やかな宝塚歌劇で、トップスターにしか背負うことを許されないのが、舞台のフィナーレで身にまとう「背負い羽根」。この背中から放射線状にまっすぐに伸びる長く美しい羽は、オナガキジのオスの尾羽だ。長いものではなんと 1.6m もある。オナガキジは中国に生息するヤマドリのなかまで、象牙色の長い尾羽には黒い斑があり、昔から装飾用にもてはやされてきた。鳥は 1 年に 1 回羽が生え変わるため、飼育していれば毎年尾羽を集めることができる。中国の長い歴史のなかでは、何百年も前から美しい羽が集められてきたのだろう。

スミレコンゴウインコ

Anodorhynchus hyacinthinus ／ Hyacinth Macaw
【分類】インコ目インコ科 【大きさ】100cm

世界で一番大きなインコ

インコのなかで最も大きく、全長は1mにもなる。和名はスミレ、英名ではヒヤシンスと、美しい青紫色の羽色は、いずれも可憐な花に例えられている。黄色いアイリングは、黒い虹彩を目立たせている。ジャングルに隣接する、ヤシの生えるサバンナに生息。主食はココナッツだが、それ以外の果実を食べることもある。ヤシの種類は地域で異なるが、それぞれの生息域に生えているヤシを好む。ヤシの枯れ木や岩棚に営巣し、2～3個の卵を1カ月ほど抱卵。ひなの巣立ちまで3カ月近くかかるが、天敵が多いため、たいていは1羽しか育たない。

9/3

【草の日】

モズ

Lanius bucephalus ／ Bull-headed Shrike

【分類】スズメ目モズ科　【大きさ】20cm

なわばり宣言の高鳴き

「キィーキリキリ」と響くなわばり宣言の高鳴きは、秋の風物詩。ものまね上手で知られるモズは、冬の間は単独で過ごすため、秋には熾烈ななわばり争いがはじまる。小さな猛禽で、とったバッタやトカゲを尖った枝や有刺鉄線に刺し、冬の保存食「はやにえ」にする。孤独な冬が終わると、繁殖期がやってくる。はやにえで栄養を摂取したオスが早口で囀り、それに応えたメスに虫やカエルをプレゼント。メスが口をあけて受け取れば、カップル成立だ。春先に平地の川原の茂みなどで１度目の繁殖後、初夏の頃、山地で２回目の繁殖を行うペアもいる。

【野生生物の日（アメリカ）】

アンナハチドリ

Calypte anna ／ Anna's Hummingbird
【分類】ヨタカ目ハチドリ科　【大きさ】10cm

北限のハチドリ

アンナハチドリほど、人のすむ環境になじんだハチドリはいない。はじめはカリフォルニア州のごくわずかな沿岸部でのみ繁殖していたが、徐々に拡がり、今では北はカナダ、内陸は南西部の砂漠に点在する都市のオアシスにも生息する。さまざまな外来植物を積極的に利用し、アロエやユーカリの花からも蜜をとる。都市でも見かけるため調査しやすく、最もよく研究されているハチドリだ。ディスプレイ飛行中の楕円軌道で発する音は、外側の尾羽が時速 97km で空を切る振動音であることも、アンナハチドリを追った超高速カメラの撮影で判明した。

9/5

【雁の日（スペイン・バスク地方）】

ハイイロガン

Anser anser ／ Greylag Goose

【分類】カモ目カモ科　【大きさ】85cm

人々の暮らしとともに生きてきた

紀元前1000年頃、ヨーロッパでは冬鳥として飛来したハイイロガンを飼育・改良し、ヨーロッパガチョウがつくられた。中国のサカツラガンを改良したシナガチョウとは別種だが、東洋・西洋と離れた場所でそれぞれ、ガチョウづくりが行われていたことは興味深い。家禽としてはフォアグラで有名な食用種のトゥールーズなどだけでなく、カールした羽が特徴の愛玩種、セバストポールなど、さまざまな品種がある。翼の外側の一番長い風切羽は、19世紀まで約2500年にわたり筆記具として使われ、人の伝承活動にも貢献していた鳥だ。

ハシボソガラス

Corvus corone ／ Carrion Crow
【分類】スズメ目カラス科　【大きさ】50cm

天才児、現る

カラスは頭の良い鳥の代表格。巣に悪さをした人がいると、顔を覚えていつまでも攻撃するほど記憶力もいい。道路にクルミや貝を落とし、自動車に轢かせて殻を割り、中身を食べるのはハシボソガラス。都会で群れてごみを漁っているハシブトガラスに比べ、田舎暮らしを楽しんでいるように見える。平地から低山地にすみ、「権平が種蒔きゃ烏がほじくる」のことわざ通り、草の種や木の実、虫などを食べている。濁った声で「ガァー、ガァー」と鳴き、「カァーカァー」「カポン、カララ」と澄んだ声のハシブトガラスと識別できる。

【世界青空の日】

カンムリエボシドリ

Corythaeola cristata ／ Great Blue Turaco

【分類】エボシドリ目エボシドリ科 【大きさ】75cm

好物は森の果実

モヒカンヘアを思わせる黒く立ちあがった大きな冠羽をもつ、世界最大のエボシドリ。上体は濃い水色をしていて、胸は黄緑色、腹は赤い。熱帯雨林ではこのカラフルな見た目も、木漏れ日に紛れ上手に森のなかに溶けこんでいる。果実食で森のさまざまな果実やベリーを食べ、花芽、若葉、花も食べる。ペアか小さな群れでくらし、果実の実る木を求めて「コホーコホー、コッコッ」と鳴きながら飛び、木の枝をかけ登って移動する。水辺に張りだした高木の太い枝にペアで小枝を集めて営巣し、オス、メス交替で抱卵、子育てをする。

オウゴンサファイアハチドリ

Hylocharis eliciae ／ Blue-throated Goldentail

【分類】ヨタカ目ハチドリ科 【大きさ】10cm

名前に負けることのない羽色

黄金かつサファイア、なんともまばゆい名前のハチドリだ。名前に負けない光沢のある青緑色の体をもち、飛ぶと黄金に輝く尾羽が扇のように開きとても美しい。オスはのどが鮮やかな青紫色で、腹側は緑色。メスはのどが灰色と青のまだらで、腹側にかけて淡い色をしている。ヘリコニアなどの着生植物のほか、さまざまな植物から蜜をとり、小さい昆虫やクモも捕食する。オスは繁殖期になるとレックとよばれる求愛場に集まって囀り、相手を探す。やわらかい植物の繊維と地衣類を巣材にしてカップ形の巣をつくり、枝の上にかけて利用する。

【世界占いの日】

ミツユビカワセミ

Ceyx erithaca ／ Oriental Dwarf-kingfisher
【分類】ブッポウソウ目カワセミ科　【大きさ】14cm

3本のかわいい赤い指

多くの鳥は前側に3本、後ろ側に1本の足指をもつが、ミツユビカワセミは前側に2本、後ろ側に1本で、計3本の足指をもつ。小人を意味するDwarfが英名についているように非常に小さく、体重は15gと日本のカワセミの半分ほど。生息地域により全身が赤紫色のタイプと翼が濃紺のタイプがいる。森林に生息し、池の近くだけでなくヤシ農園、竹藪、庭園でも見かける。魚や水生昆虫だけでなくカマキリ、バッタ、羽アリなどさまざまな昆虫をえさとし、小川の土手、道路の切り通し、倒木の根元、シロアリの巣などに穴を掘って営巣する。

【屋外広告の日】

モモイロインコ

Eolophus roseicapilla ／ Galah

【分類】インコ目オウム科　【大きさ】35cm

桃色の絶景をつくりだす

愛らしい色のモモイロインコは、「インコ」とついているがオウムのなかま。乾燥したユーカリの林から住宅地まで、オーストラリア全域に広く分布し、冬季は数千羽の大群になる。大集団で飛び立つ様子は、バラ色の雲が移動しているよう。また地上に下りて採食する姿は、ピンクのカーペットを敷いたようで、とてもメルヘンチックな光景を演出してくれる。その一方で草の種や球根が主食で、穀類やヒマワリの種なども食べるので、農家には警戒されている。春の繁殖期になるとペアになって分散し、樹洞の底にゴムの葉を敷いて営巣して抱卵をはじめる。

9/11

【たんぱく質の日】

ライラックニシブッポウソウ

Coracias caudatus ／ Lilac-breasted Roller

【分類】ブッポウソウ目ブッポウソウ科　【大きさ】30cm

野火を見つけて難なく食事

思わず見入る鮮やかさ。ライラック色の胸に水色、緑、白、紺、茶色の色彩豊かな体の羽と、長い尾羽が特徴だ。明るいサバンナに生息し、野火を見つけると周辺で待ち伏せし、火から逃げてくる昆虫やトカゲを捕まえて食べる、なかなか賢い鳥。ブッポウソウのなかまは、空中で転げまわるような求愛飛翔の様子から、Roller の英名がついた。一夫一妻制でつがいの絆が強く、なわばりを守るため木のてっぺんに止まって周囲を見張り、侵入者を追い払う。地上 5m くらいの枯れ木やヤシの木の穴に営巣し、抱卵、育雛をペアで行う。

キセキレイ

Motacilla cinerea ／ Gray Wagtail
【分類】スズメ目セキレイ科　【大きさ】20cm

国生み神話を担う鳥

海岸や亜高山の川、池、湖から都会の公園の池など日本各地で見られる、黄色いお腹が爽やかな鳥。セキレイのなかまは水辺にくらし、尾羽を上下に振る様子から「シリフリ」や「イシタタキ」ともよばれていた。古くは『日本書紀』にも登場し、イザナギとイザナミはセキレイから子孫を殖やす術を学んだとされる。水辺を歩きながら、地面にいる虫やミミズ、空中を飛ぶ虫を捕らえる。「チチンチチン」と飛び立ち「チチチッ」と囀る声は、秋の風物詩。繁殖期のオスはなわばり意識が強く、車のサイドミラーに映る自分の姿にさえ攻撃することがある。

【世界法の日】

ヒゲガラ

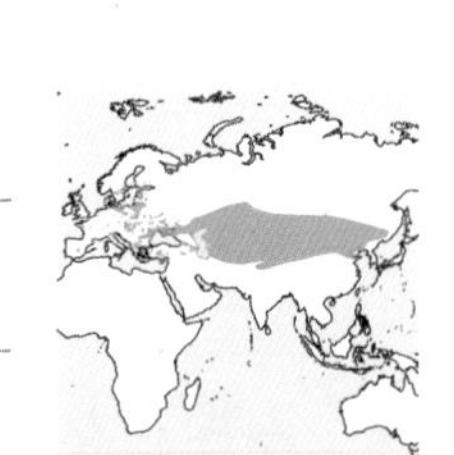

Panurus biarmicus ／ Bearded Reedling
【分類】スズメ目ヒゲガラ科 【大きさ】16cm

アシ原にくらす、ひげ王子

オスの両目の下からスッと伸びた、黒いひげ状の羽が凛々しくも、愛嬌のある鳥。ヒゲガラは川沿いや池畔のアシ原に群れでくらし、速い羽ばたきでアシ原の上を低く飛んでは、またすぐにアシのなかに消えてしまう。一度地上に下りてしまうと、黄土色の羽が枯れたアシに紛れて、なかなか見つからない。ヨーロッパからアジアの温帯域に生息し、日本にもまれに迷鳥が日本海側で観察されている。冬季には草の種など植物質も食べるが、繁殖期を含む夏シーズンは動物質を好み、ひなも昆虫を与えて育てる。

【グリーンデー】

ミドリカケス

Cyanocorax yncas ／ Green Jay & Inca Jay
【分類】スズメ目カラス科 【大きさ】26cm

ところ変われば色も変わる

ミドリカケスは渡りをしない。そのため地域ごとに色合いが異なり、中米からアンデス山脈までの地域で13もの亜種に分けられている。基本的には翼が緑色、尾羽は中心が緑色で、外側の羽が黄色い。中米のミドリカケスは虹彩が黒く、頭から首は水色でお腹は黄緑色と全体が緑系統なので、Green Jay。南米にすむミドリカケスは虹彩が金色、頭から首、お腹にかけて鮮やかな黄色で、額には、毛糸でつくられた、インカの民芸品を彷彿とさせる青いボンボン状の飾り羽があることから、Inca Jayという名前がつけられている。

9/15

【グアテマラ独立記念日】

ケツァール

Pharomachrus mocinno ／ Resplendent Quetzal

【分類】キヌバネドリ目キヌバネドリ科　【大きさ】♂ 105cm　♀ 40cm

幸せを運ぶ、輝く羽

中米に分布する鳥で、グアテマラでは国鳥。また通貨の単位にもなっている。上体から尾羽のきらびやかな緑、下体の赤、逆立った冠羽や翼の玉虫色の輝きが鮮やかで、その美しさから人気ある鳥の一つだ。ケツァールとは古代アステカの言葉が由来で、「大きく輝く尾羽」の意。60cmもある羽は、クジャクの飾り羽と同じく尾羽の上に生える上尾筒だ。メスも緑色だが、オスと比べると地味で尾羽も短い。グアテマラでは、昔は全身緑色だったケツァールが、スペイン人の侵略からマヤ人を守ろうとして、胸から腹が血の色になったという伝説がある。

アカカザリフウチョウ

Paradisaea raggiana / Raggiana Bird-of-paradise
【分類】スズメ目フウチョウ科 【大きさ】34cm

身近で高貴な極楽鳥

珍しそうな見た目に反して、パプアニューギニアに広く分布している鳥。国民に馴染み深い美しい鳥として国鳥に指定され、その姿は国旗や国章、貨幣にも描かれている。低地から山地の林に生息するが、畑に連接する林や庭先でも見かけるのが人々に親しまれている理由の一つだろう。オスが集まってディスプレイが行うのは、長年使われているレックとばれる踊り場。オスはメスに背を向けると、頭を下げた姿勢から赤い飾り羽を滝のように振りあげてアピール。レックの周辺からじっと品定めするメスに気に入られたら、カップル成立だ。

【ナショナルペットバードデー（アメリカ）】

セキセイインコ

Melopsittacus undulatus ／ Budgerigar

【分類】インコ目インコ科　【大きさ】18cm

歴史は浅くとも飼い鳥の代表

セキセイインコはペットバードの代表的存在だ。漢字では「背黄青鸚哥」と書き、オーストラリアの内陸にすむ野生原種の羽色に由来する。野生種はユーカリがまばらに生える半砂漠地帯にくらす。限られた水場では猛禽を警戒し、水を飲んでは急いで飛び去る。繁殖期には樹洞に営巣し、メスが抱卵している間、オスは巣の入り口を見張り、メスのために運んだえさをかいがいしく口移しで与える。19 世紀半ばにはじめて飼育下で繁殖。以来まだ 200 年もたたないうちに、さまざまな色、姿、大きさの品種が生まれ、人々を楽しませている。

【七十二候「玄鳥去（つばめさる）」】

コシアカツバメ

Cecropis daurica ／ Red-rumped Swallow

【分類】スズメ目ツバメ科　【大きさ】19cm

腰の赤い燕尾服がよく似合う

ツバメより少し大きく、腰の色が赤味を帯びたオレンジ色をしている。海岸から山地の開けた場所にすみ、町なかでもよく見られる。夏鳥として春には南の越冬地から戻り、集団で倉庫や駅などの鉄筋コンクリートでできた建物の軒下や天井に、徳利を割ったような形の泥の巣をつくって繁殖している。滑空しながら飛びまわって虫をとり、「ジュビー、ジュルジュル」とツバメよりも短い声で鳴く。七十二候では9月の中頃を、ツバメが南に帰っていく「玄鳥去」というが、コシアカツバメも含まれる。中国でも繁殖し、秋には南へ渡り日本から姿を消す。

【世界海賊口調で話す日（アメリカ）】

テンジクバタン

Cacatua tenuirostris ／ Long-billed Corella
【分類】インコ目オウム科　【大きさ】40cm

ブルーアイリングの白いオウム

ふかふかとした見た目に、青いアイリング、額とのどに目立つピンクの羽のオウム。一体どこに行けば出会えるのだろうと思うが、シドニーやメルボルンの公園でよく群れていて、現地では珍しくない鳥だ。木の実を上手に足でつかみ、長いくちばしで割ったり、地面を掘ったりして球根を掘りだして食べる。名前にインドを指すテンジクが使われているが、江戸時代にはオランダ船がもたらす物品に「舶来」や「南の国」の意味で使われていたことから、キバタンやコバタンなどのオウムに比べ派手なピンクの羽をもつこのオウムの和名に使われたと考えられる。

ソライロカザリドリ

Cotinga cayana ／ Spangled Cotinga

【分類】スズメ目カザリドリ科 【大きさ】20cm

太陽の下で一層輝く

パッと目をひく鮮やかなスカイブルーの鳥。オスはのどが明るいワインレッド、翼と尾羽は濃い青紫色で、一方メスは全身が灰褐色の地味な羽色をしている。ジャングルの樹冠部に生息し、オスは樹幹の上空で空中ディスプレイを行う。メスは小さめの巣をつくって、ひとりで巣を守り、抱卵し、ひなを育てる。主食は果実で、ヤドリギの実を好み、ボバリングで羽ばたきながら実をもぎ取って食べる。梢の枝で待ち構えて、シロアリや羽アリが飛んでくるとフライングキャッチして食べることもある。

【国際平和デー】

キゴシヘイワインコ

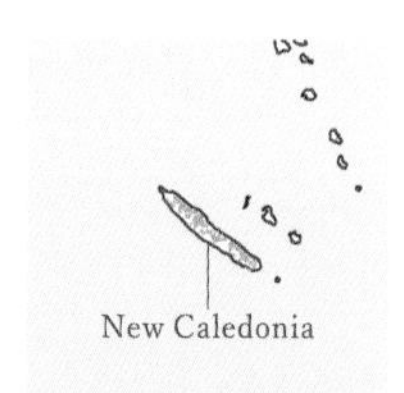

Eunymphicus cornutus ／ Horned Parakeet

【分類】インコ目インコ科 【大きさ】32cm

赤いかんざしを頭につけて

9月21日は国際平和デー。この日に馴染みの深いキゴシヘイワインコは、南太平洋のニューカレドニア島の固有種だ。第一次世界大戦直後に日本に輸入され、平和になった世を祝して名づけられた。全体に緑から黄緑色をしていて、腰と顔から首にかけては黄色く、赤い頭には先の赤いかんざしのような2本の冠羽がありとてもチャーミング。本島の東にある小島ウヴェア島には、頭が緑色でランダムに生えた冠羽のあるヘイワインコがくらしている。ともに外来種のクマネズミに巣を荒らされ減少したため、現在は手厚く保護されている。

【雑誌「ナショナル・ジオグラフィック」創刊】

ルリビタキ

Tarsiger cyanurus ／ Orange-flanked Bush-robin
【分類】スズメ目ヒタキ科　【大きさ】14cm

つぶらな瞳の青い鳥

メスと若鳥はオリーブ色をしているが、オスは成長すると見事な瑠璃色の羽に変わる。黒い虹彩の目がクリクリとして可愛らしい小鳥だ。亜高山帯や亜寒帯の林で繁殖し、高い枝に止まって「ピチチュリ、ヒョロロ」と涼しげな声で囀る。倒木の脇や木の根元などに苔やコメツガの枯れ葉でカップ状の巣をつくる。冬は山麓や低地に下り、流れに沿った茂みなどに単独でなわばりをつくってくらす。都会の庭園にもあらわれるが、完全に瑠璃色の羽になったオスの成鳥はあまり見られない。虫やムカデ、クモなどをとり、冬は木の実もよく食べる。

【テニスの日】

ラケットカワセミ

Tanysiptera galatea ／ Common Paradise-kingfisher
【分類】ブッポウソウ目カワセミ科　【大きさ】40cm

揺れる小さなラケット

青、白、赤の３色のコントラストが美しいカワセミ。全長の半分以上の長さを占める、２本の細長い尾羽の先にはラケット状の白い珠がついている。頭から翼、背、尾羽が青く、あごからお腹側は真っ白、くちばしは鮮やかな赤だ。ニューギニア島を中心に生息し、樹上につくられたシロアリの巣をペアで掘り、直径15cmほどの部屋をつくって営巣する。日本にすむカワセミは魚を食べてくらしているが、ラケットカワセミは昆虫の幼虫やムカデ、カタツムリ、トカゲなどの陸生小動物を地面で捕らえて食べている。

【トリニダード・トバゴ共和国記念日】

ルビートパーズハチドリ

Chrysolampis mosquitus／Ruby-topaz Hummingbird
【分類】ヨタカ目ハチドリ科　【大きさ】9cm

2つの宝石を身にまとう

南米北部の小さな島国、トリニダード・トバゴで一番目にするといっても過言ではないのが、宝石の名を2つも冠した小さなハチドリ、ルビートパーズハチドリだ。オスは暗褐色で頭はルビーのように赤く輝き、トパーズのような黄色い胸とオレンジ色の尾羽をもつ。この華やかな羽色は、求愛ダンスディスプレイで余すところなく披露される。メスは全身が灰緑色で腹側がやや白っぽく、尾羽の両側が赤褐色だ。生息域は広く、トリニダード島には高密度で生息している。飛びながら虫を捕食し、蜜を求めてさまざまな花を訪れる。

ギンケイ

China

Chrysolophus amherstiae ／ Lady Amherst's Pheasant

【分類】キジ目キジ科 【大きさ】♂ 150cm ♀ 67cm

襟巻きと頭飾りで猛烈アタック

標高の高い土地の林や低木の茂みにすんでいるキジのなかま。メスは茶系の地味な羽色だが、オスは襟巻きを思わせる首の飾り羽があり、黒縁に銀白色のうろこのような模様をまとっている。長い尾羽は白黒のボーダー模様で、両側には先の赤い上尾筒が色を添えて華やかそのもの。トットットッとメスを追いかけ、首の飾り羽を円錐状にパッと広げたかと思うと、頭を下げて鮮やかな赤い冠羽を見せびらかすのがメスへの求愛ディスプレイ。メスはオスの容姿だけでなく、どれだけ熱のこもったアピールなのかが判断基準のようだ。

【ワープロ記念日】

サンジャク

Urocissa erythroryncha ／ Red-billed Blue Magpie
【分類】スズメ目カラス科　【大きさ】60cm

江戸時代には日本にお目見え

先端が白く長い尾羽をもつカラス科の鳥で、青紫色の羽に映える赤いくちばしと足が鮮やかで美しい。山のカササギという意味で、「山鵲」の漢字があてられている。江戸時代には中国から輸入され、当時描かれた数冊の鳥類図譜には綺麗な絵が残されている。中国から東南アジアに分布し、平地から山地に生息するが、公園や人家周辺でも見られる。ペアか小群でくらし、雑食性でいろいろなものを食べる。しわがれた金属音で「ペンクペンクペンク」と鳴くが、同じカラス科のカケスのようにほかの鳥の声をまねすることも上手な鳥だ。

9/27

【世界観光の日】

アトリ

Fringilla montifringilla ／ Brambling

【分類】スズメ目アトリ科　【大きさ】16cm

空を覆う小鳥の大群

漢字では「花鶏」と書くが、読みは、集まって大群をつくる鳥という意味の「集鳥（あつとり）」が由来。大群をつくる年、つくらない年がはっきりしており、多いときは10万羽を超す大群になることもある。10月半ばに日本に渡ってくると、畑や稲を刈り取った水田などで群れる。一斉に飛び立っては田畑に下りて落穂や草の種を食べたり、夕暮れ時に大群で森林のねぐらに向かう姿は、秋から冬の風物詩だ。春先には群れは小さくなり、「ビーン」と囀りはじめ、頭が濃紺の繁殖羽になったオスを見ることができる。

サファイアハチドリ

Amazilia sapphirina ／ Rufous-throated Sapphire
【分類】ヨタカ目ハチドリ科　【大きさ】10cm

輝く体に深紅のくちばし

オスの背は9月の誕生石、サファイアのような輝きをもつ緑色に、腰にかけて鮮やかなブロンズ色が溶け込んでいる。あごには赤みが入り、のどと胸は輝く青紫で腹は緑色。くちばしは鮮やかな赤で先端が黒っぽく、尾羽は豊かな茶系のブロンズ色と、どこから見ても飽きない輝きをしている。メスもよく似ているが、あごの色が淡く、のどと腹は緑色と灰色のまだらになっている。下層から中層部の高さの花を訪れ、ブロメリア科、トケイソウ科、アカネ科、フトモモ科などさまざまな植物の花から蜜を吸い、小さな昆虫やクモを捕食する。

9/29

【コーヒーの日（アメリカ）】

ルリコノハドリ

Irena puella ／ Asian Fairy-bluebird

【分類】スズメ目ルリコノハドリ科　【大きさ】24㎝

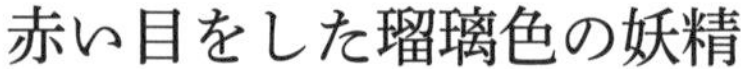

赤い目をした瑠璃色の妖精

オスは金属光沢のある濃い瑠璃色と黒。メスは青くも渋い羽色で、オスメスともに赤い目が特徴だ。広葉常緑樹林に生息し、木の実や野生のイチジクを主食としている。花の蜜を吸うこともあり、森から出てコーヒーの実を食べることも。ひなを育てるときは昆虫も多くとり、飛んでいる羽アリやシロアリは空中でフライングキャッチして巣に運ぶ。フィリピンの神話で、旅の吉凶などを占う不思議な力をもつ鳥として重宝されていた「ティグママヌカン」は、この鳥だとされている。美しい英名と優美な青い姿を見れば、たしかにそんな気がしてくる。

コシグロペリカン

Pelecanus conspicillatus ／ Australian Pelican

【分類】ペリカン目ペリカン科　【大きさ】170cm

夫婦仲は良好

白黒のツートンカラーのペリカンで、長いピンク色のくちばしに、ぱっちりした黄色いアイリングと黒い虹彩のおかげでとてもチャーミングに見える。海岸から内陸まで、広々とした水面のある湖や川にすむ。群れでくらし、集団で協力して大きなくちばしで追い込んで魚をとる。移動するときはV字飛行の隊列を組み、ときには数千羽が集まることも。繁殖期にはオスが営巣の場所を選び、ディスプレイしてメスをひきつける。ペアになると巣材はオスが集め、メスが巣づくりを担当。抱卵から子育てはすべてペアで協力して行う仲良しな鳥だ。

10/1

【ナイジェリア独立記念日】

カンムリヅル

Balearica pavonina ／ Black Crowned-crane

【分類】ツル目ツル科 【大きさ】105cm

バッタ退治に大活躍

西アフリカでは、畑のバッタやヘビを退治するための半家禽として飼われているものもいて、ナイジェリアでは国鳥に指定されている。金色の細い羽毛が花開いたような、美しい冠羽がカンムリヅルの名前の由来。サバンナにくらし、シマウマやゾウと一緒に写りこむ写真や映像がメディアでよく流れるので、目にしたことのある人も多いはず。湿地や川の中州、岸辺にくらし、繁殖期以外は 100 羽もの群れになることも。ツルのなかまは 2 卵を産むのが普通だが、カンムリヅルは 3 卵産むことがあり、3 羽のひなを連れた家族がよく観察される。

ベニヘラサギ

Platalea ajaja ／ Roseate Spoonbill

【分類】ペリカン目トキ科　【大きさ】80cm

愛嬌たっぷりのくちばしに釘づけ

しゃもじのような、のっぺりとした平たいくちばしがトレードマーク。温帯から熱帯域に生息するヘラサギのなかまは６種のうち５種が白い羽色をしているが、唯一鮮やかなピンク色の羽をもつのが、このベニヘラサギ。中南米のマングローブ林など汽水域の海岸に小さな群れでくらし、海辺や内陸の河川にも入る。平たいくちばしを少し開いて水中に差し込み、頭をゆっくり左右に振りながら歩き、採食する。小さな魚、エビ、貝、水生昆虫などのほか、水生植物の根なども食べる。サギやウと一緒のコロニーで繁殖し、樹上に枝や草を集めて営巣する。

シュバシコウ

Ciconia ciconia ／ White Stork
【分類】コウノトリ目コウノトリ科　【大きさ】100cm

赤ん坊を運ぶのは、わたし

「赤ん坊を運ぶ、幸せの鳥といえばコウノトリ」と言い伝えられてきたが、これはヨーロッパにいる親戚の鳥の話。もともとは、ヨーロッパから西アジアで繁殖しているシュバシコウにまつわる言い伝えだった。シュバシコウは日本に生息するくちばしの黒いコウノトリとそっくりだが、少し小型でくちばしが赤い。その似た姿から、混同して伝わったのだ。冬はアフリカやインドですごし、春にヨーロッパに戻り繁殖する。毎年同じ人家の屋根や煙突の上に巣を架けひなを育てることから、「赤ん坊を運んでくる鳥」と親しまれるようになった。

レグホーン

Gallus gallus domesticus / Leghorn

【分類】キジ目キジ科　【大きさ】♂ 3000g　♀ 2000g

人々に卵を提供し続ける功労者

ニワトリほど人類に貢献している鳥はいないだろう。肉はウシやブタからも得られるが、卵を産むのはニワトリだけ。それも安定的に人々に提供しつづけてきた。そのなかでもレグホーンは、地中海沿岸地方で飼われていたニワトリだ。イタリアの港町リボルノから輸出されたことから、「リボルノ」の英語読みのこの名がついた。日本には明治時代に、白色レグホーンが輸入された。年間 300 個もの卵を産み、なかには 1 年で 365 個、毎日欠かさず産むものもいて、たちまち卵用鶏として普及した。世界中で最も多く飼われているニワトリの一つだ。

10/5

【カナダ・メープルの日】

カエデチョウ

Estrilda troglodytes ／ Black-rumped Waxbill

【分類】スズメ目カエデチョウ科　【大きさ】10cm

世にも平和な子育て

羽色はうっすらと色づきはじめたカエデのよう。アイラインからくちばしの色の鮮やかさは、紅葉の盛りを思わせる。生息しているのは、サバンナなどの明るく草のよく茂った林のなか。巣は、尾羽の長いテンニンチョウに托卵される。カエデチョウとテンニンチョウのひなの口の中の模様はそっくりなため、カエデチョウの親はテンニンチョウのひなが口を開けて催促すれば、自分のひなと同じようにえさを与えて育てる。托卵といってもカッコウのひなのように本家の卵やひなは追いださないので、自分の子もほかの鳥の子も、分け隔てなく育て上げる。

【国際協力の日】

キンガシラカザリキヌバネドリ

Pharomachrus auriceps ／ Golden-headed Quetzal

【分類】キヌバネドリ目キヌバネドリ科　【大きさ】♂ 45cm　♀ 35cm

黄金の髪をなびかすケッアール

ベネズエラからチリに連なるアンデス山脈に生息する、玉虫色に輝く美しい鳥。名前の通り、頭の羽は金色を帯びている。オスの尾羽と上尾筒の長さが同じ点を除けば、上体の緑と下体の赤い羽の色合いは同じキヌバネドリ科のケッアールにそっくりだ。アンデス山脈中腹の雲霧林や山麓の森林にくらし、早朝によく開けた明るい林に出てきて、笛のような声で「フーフュー」とうつろに鳴いたり、早口で「ホワイ、デイ、デイ…」とくり返す。果物を食べ、キツツキが樹木に開けた穴に営巣して子育てする。

【バーコードの日】

ゴイサギ

Nycticorax nycticorax ／ Black-crowned Night-heron
【分類】ペリカン目サギ科　【大きさ】58cm

名は天皇から賜った

気品のあるツートンカラーのゴイサギは、夕方から活動をはじめる夜行性の鳥。夜になると、林や竹藪のねぐらから飛び立ち「グワッ、クワァ」と鳴きながら、えさ場の川や池に向かう。名前の由来は平安時代にさかのぼる。醍醐天皇は池のサギを捕まえるように命じた。夜行性のゴイサギはじっと休んでいたのだろう。抵抗することなく神妙な様子で捕まったサギを好ましく感じた天皇が、五位の位を授けたことからゴイサギの名がついたとされる。夜空に響く鳴き声から「月夜ガラス」や「夜ガラス」などともよばれている。

【木の日】

アカゲラ

Dendrocopos major ／ Great Spotted Woodpecker
【分類】キツツキ目キツツキ科 【大きさ】24cm

日本の森の守り神

日本各地に生息する代表的なキツツキだ。木に穴をあけるキツツキは、森林害鳥だと思われることがあるが、実はその逆。樹木を蝕む昆虫が主食なので、キツツキのいる森は健全だといわれる。かつてキツツキは「ケラ(虫)ツツキ」とよばれており、これが濁って「ゲラ」となり、キツツキの種の名につけられるようになった。木の幹に縦に止まることができるのは、足指が上下に2本ずつあるため。立ち枯れの木に巣穴を掘って営巣する。アカゲラの古巣はモモンガ、ヤマネ、アカショウビン、コムクドリなどの巣として森の住民に再利用されている。

10/9

【ウガンダ独立記念日】

ホオジロカンムリヅル

Balearica regulorum ／ Grey Crowned-crane
【分類】ツル目ツル科　【大きさ】110cm

ウガンダのシンボル

ホオジロカンムリヅルは、1962 年 10 月 9 日のウガンダ独立記念日に国鳥に指定され、国旗にもその堂々とした姿が描かれている。ウガンダから南アフリカまでのアフリカ東部に分布し、北の地域から西に生息するよく似た姿のカンムリヅルとすみ分けている。見分けのポイントは真っ白な頬。また、ツルは通常地上でくらし、樹木に止まることはないが、ホオジロカンムリヅルは樹上で眠り、低い木の上に営巣することもある。サッカーのウガンダ代表チームの愛称「ザ・クレインズ」もこの鳥が由来で、ツルの英名から命名された。

ミカドキジ

Syrmaticus mikado ／ Mikado Pheasant

【分類】キジ目キジ科　【大きさ】♂ 87cm　♀ 53cm

台湾鳥界の王者

台湾の固有種で、20 世紀初頭に発見された新種。台湾では紙幣にも描かれている。台湾の先住民が帽子につけていた 2 枚の尾羽がイギリスに送られ、このたった 2 枚の羽から学名がつけられた。*mikado* の名は台湾が当時、日本の統治下にあったことに由来するが、その時点ではどんな鳥なのか謎のまま。その翌年にはじめて本体が採集され、正式に命名される運びとなった。海抜 1,600 ～ 3,300m の山岳地の竹林やシャクナゲ林に生息。日本のヤマドリによく似た青味がかったこげ茶色のメスが藪のなかに営巣し、抱卵、子育てをする。

【シドニー大学開校】

ナナクサインコ

Platycercus eximius ／ Eastern Rosella
【分類】インコ目インコ科　【大きさ】30cm

目にも鮮やかな七色の羽

赤い頭、白い喉、黄色い腹、黄緑のお尻、青緑の尾羽、水色の翼、金縁の黒いうろこ模様の背。鮮やかな鳥が多いインコのなかでも、とりわけビビッドな七色をまとった鳥だ。種ごとに赤や黄色など鮮やかな色彩をカラフルに組み合わせたクサインコのなかまは、6種が草藪のある明るいユーカリやアカシアの林に生息している。ナナクサインコもユーカリやアカシアがまばらに生える、川の流れに沿ったサバンナなどに生息し、人家の庭や農場でも目にする。飼育下でもよく殖え 、ペットとしても人気があり、かつては日本でもよく飼われていた。

【イスパニアの日（スペイン）】

イベリアカタシロワシ

Aquila adalberti ／ Spanish Imperial Eagle

【分類】タカ目タカ科　【大きさ】♂ 75cm　♀ 85cm

復活を遂げた王家のワシ

かつてはポルトガルやモロッコにも生息していたが、今はスペインにしかいない希少なワシ。南ヨーロッパのイベリア半島で生態ピラミッドの頂点に君臨する精悍な姿は、「王家」と名乗るのにふさわしい。かつては家畜を襲う鳥として駆除の対象となり、またえさ場環境の悪化でウサギなどの獲物が減ったことから、20 世紀半ばにたった 30 ペアにまで減少した。懸命な保護活動の結果、21 世紀になり 300 ペアまで復活。アンダルシアの世界自然遺産、ドニャーナ国立公園などの自然保護区で観察されるようになった。

10/13

【豆の日】

マメハチドリ

Mellisuga helenae / Bee Hummingbird

【分類】ヨタカ目ハチドリ科 【大きさ】5cm

体重は一円玉2枚分

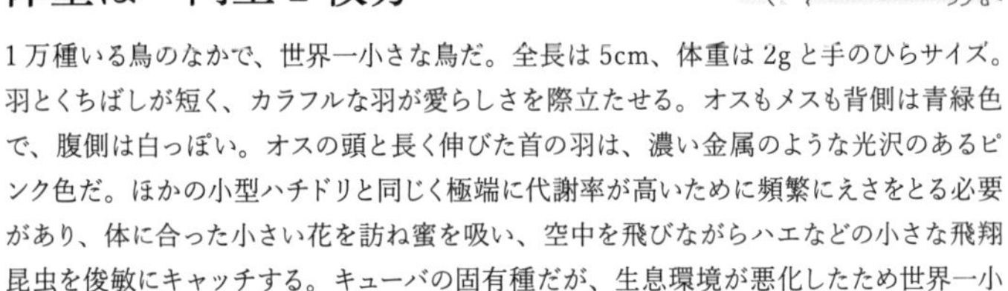

1万種いる鳥のなかで、世界一小さな鳥だ。全長は5cm、体重は2gと手のひらサイズ。羽とくちばしが短く、カラフルな羽が愛らしさを際立たせる。オスもメスも背側は青緑色で、腹側は白っぽい。オスの頭と長く伸びた首の羽は、濃い金属のような光沢のあるピンク色だ。ほかの小型ハチドリと同じく極端に代謝率が高いために頻繁にえさをとる必要があり、体に合った小さい花を訪ね蜜を吸い、空中を飛びながらハエなどの小さな飛翔昆虫を俊敏にキャッチする。キューバの固有種だが、生息環境が悪化したため世界一小さな鳥の生存が危ぶまれている。

【鉄道の日】

マガン

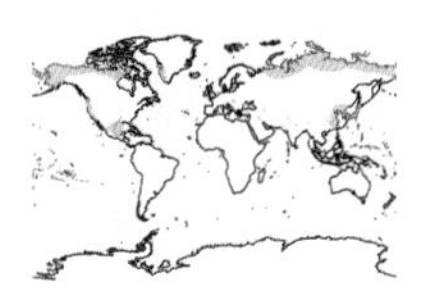

Anser albifrons ／ Greater White-fronted Goose

【分類】カモ目カモ科　【大きさ】75cm

がんもどきはガンの味？

がんもどきは江戸時代に生まれた精進料理で、一説によると、肉食を避ける僧侶がガンの肉に似せてつくられたといわれている。個体数の減少から現在は狩猟を禁じられているが、当時は食用肉だった。「クァハハン」という鳴き声がグァン、ガンと転じ、日本で多く見られたことから「真雁」となった。かつては冬鳥として日本各地に飛来し、かぎ型やさお型の編隊「雁行」は冬の風物詩だった。皇居のお堀でも見られたが、今は東北や北陸の限られた湖沼でしか見られない。早朝にねぐらの湖沼から飛び立つと、田んぼで落穂や草を食べる。

【化石の日】

シノリガモ

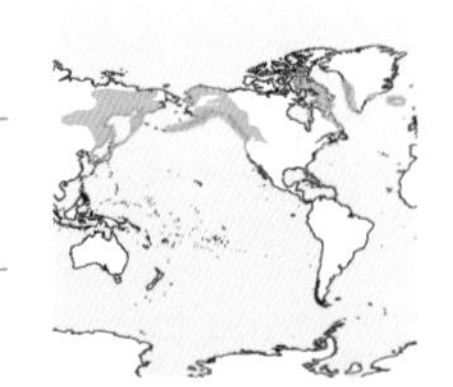

Histrionicus histrionicus ／ Harlequin Duck

【分類】カモ目カモ科 【大きさ】43cm

海にも川にもくらすカモ

「しのり」とは朝焼けや夕焼けのことで、オスの体の脇のレンガ色の羽に由来する。シノリガモは海に飛来する冬鳥と思われていたが、1976 年に東北地方の山間部の渓流で繁殖が確認された。現地ではその見た目から「青いオシドリ」とよばれ、長い間勘違いされていた。冬は、本州中部以北の波が荒く岩の多い海岸に飛来。小群で潜水して貝や甲殻類をとり、波間や岩場で休む。繁殖期には山間部の川の岩のすき間などに営巣し、メスが抱卵に入るとオスは海に下るため、子育てはメスだけで行う。川では主に水生昆虫や幼虫を食べている。

【世界食糧デー】

ミドリフタオハチドリ

Lesbia victoriae ／ Black-tailed Trainbearer

【分類】ヨタカ目ハチドリ科 【大きさ】♂ 26cm ♀ 15cm

すらりと伸びた尾羽が魅力

緑色で光沢感のあるハチドリ。オスの尾羽はとても長く、少し上向きに反った飾り羽が愛らしい。メスの尾羽はオスに比べてかなり短いが、ほかのハチドリに比べれば長い方。主に森林の上層部の花を好み、在来・外来植物を問わずさまざまな花の蜜を吸い、空中を飛びながら昆虫を捕食する。求愛飛行時には、オスの長い尾羽が何かをはじくような音をたてる。繁殖期には風雨を避けられる張り出しの下に分厚い巣をつくる。孵化までに 18 ～ 19 日、巣立ちまでにはさらに 29 ～ 31 日と、小さい鳥としては子育てに時間をかける。

【派手な服を着る日（アメリカ）】

オオハナインコ

Eclectus roratus ／ Eclectus Parrot
【分類】インコ目インコ科　【大きさ】40cm

かつて夫婦は別名だった

オスが鮮やかな緑色なのに対し、メスはほぼ全身が赤い羽に覆われている。オスとメスで異なる色合いの鳥は多いが、これほどまでに対極的なものはかなり珍しい。そのため昔はオスとメスはそれぞれ別の種だと考えられており、メスにはオオムラサキインコという別種の名前がついていた。海岸のマングローブ林から内陸のサバンナ、山地の森林などさまざまな環境に生息。樹木の高い位置の樹洞に営巣し、1本の木に数ペアが繁殖していることもある。果実、木の実、草の種、若葉、花を食べ、とくにイチジク類を好んでよく食べている。

シジュウカラ

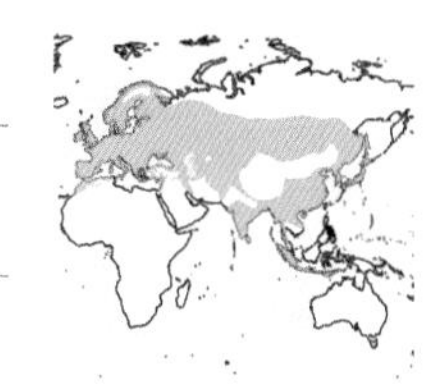

Parus major ／ Great Tit

【分類】スズメ目シジュウカラ科 【大きさ】15cm

いつも近くにいる小鳥

「四十雀（しじゅうから）を捕ると飯びつが始終空（しじゅうから）になる」とは、千葉県に伝わる俗信。シジュウカラは害虫を食べる益鳥だ。昔の人は言葉遊びを交えながら、シジュウカラを捕まえることを戒め大事にしてきた。平地から山地の林にすみ、町や都会でもよく見られ、春先にはオスが「ツツピーツツピー」と明るい声で囀る。樹洞や石垣のすき間に巣をつくり、巣箱を掛けておくと使ってくれる。繁殖期以外は小群になり、ほかのカラ類やエナガなどと混群をつくることもある。虫やクモ、植物の実を食べ、冬にはえさ台にも集まる、日本人にとって最も身近な小鳥といえる。

【南スウェラシ州設立（インドネシア）】

アカコブサイチョウ

Rhyticeros cassidix ／ Knobbed Hornbill

【分類】サイチョウ目サイチョウ科　【大きさ】80cm

究極の子育てがここに

名前の通り、くちばしの上に大きな赤いこぶをもつ。ジャングルの大きな樹洞に営巣するが、その子育てはなんとも涙ぐましい。メスは巣に閉じこもり抱卵と子育てを行うが、メスはこの間に羽が抜けかわり、飛べなくなる。そのため、外敵から守るべくオスが泥を巣に運び、オスは外から、メスは中から小さなすき間を残して入口を塞いでしまう。オスはその小さなすき間を通じて果実や虫をせっせと運び、メスに差し入れる。ひなが孵るとオスは胃で消化した食べ物を吐き戻してメスにわたし、ひなに与える。夫婦共同で究極ともいえる子育てをする鳥だ。

キンショウジョウインコ

Alisterus scapularis ／ Australian King-parrot

【分類】インコ目インコ科　【大きさ】43cm

オーストラリアが誇る美食家の王様

英名で「オーストラリアのインコの王様」という名をもつ鳥。立派な体格のオスの紅色と緑色の体の羽に、藍色を帯びた長い尾羽は、王様の名にふさわしい。王女様たるメスは全体が緑色で、お腹の下部に赤い羽根をもつ。ジャングルからユーカリ林、サバンナの藪にくらし、ユーカリやアカシアの種、果実やベリーを食べる美食家だ。ペアでくらし、人里の庭先などでも見られるが、農場で穀物などを食べてしまうこともある。深い樹洞の底に産卵し、メスが抱卵。オスは穴の出入口近くの枝であたりを見張り、メスと巣を一生懸命に守る。

【あかりの日】

カケス

Garrulus glandarius ／ Eurasian Jay

【分類】スズメ目カラス科　【大きさ】33cm

記憶力抜群でものまね上手

日本で一番ものまねが上手な野鳥で、記憶力が良く、頭が良い。「ジェー、ジェーイ」と鳴くが、タカをはじめ、さまざまな鳥の鳴きまねが得意だ。ネコの声や人の言葉、赤ん坊の泣き声までも見事にまねることから、「カケスは赤ん坊をだましてつれていく」という言い伝えまで生まれた。平地から山地の森林に生息し、繁殖期以外は小群でくらす。ドングリが好きで、秋に木のすき間や土のなかに隠して蓄える。埋めた木の実を忘れる鳥も多いなか、カケスは冬になってもほぼ忘れず、自分で埋めたドングリを掘り返して食糧とする。

【絹婚記念日】

ズアカキヌバネドリ

Harpactes erythrocephalus ／ Red-headed Trogon

【分類】キヌバネドリ目キヌバネドリ科　【大きさ】35cm

燃えるような赤い絹の羽

アジアの熱帯雨林には、アジアキヌバネドリのなかまが12種も生息している。中南米のケッアールをはじめとするキヌバネドリと同じくカラフルな見た目のグループで、赤や黄色い鳥が多い。なかでもズアカキヌバネドリは、頭だけでなく全身が赤く燃える炎のような色合いだ。コバルトブルーのアイリングとくちばしがアクセントになってとても愛らしい。中南米のキヌバネドリの主食が果実なのに対し、アジアキヌバネドリは動物食だ。大型昆虫やトカゲ、カエルなども、幅広のくちばしで見事に捕らえる。

カンムリトゲオハチドリ

Discosura popelairii ／ Wire-crested Thorntail

【分類】ヨタカ目ハチドリ科　【大きさ】♂ 11cm　♀ 8cm

上へと伸びるクールな冠羽

「とげの冠をもつハチドリ」という英名の通り、オスは頭の一部に、針金のように細長く伸びた冠羽をもつ。尾羽は外側が最も長く、内側へいくにつれて羽が短くなっている。オスは全身が緑色で、のどにはきらきらと輝く色斑があり、胸と腹が黒、腰に細い白帯がある。メスも似た色をしているが冠羽はなく、短い尾羽で頬にはっきりした白い筋があるのが特徴だ。主に樹冠部の花を訪れ、インガの樹を好み、マルハナバチのような空気をうまく利用したホバリングで、蜜を吸う。繁殖期には森林の上層部にある枝の先端に、鞍のような形の巣をつくる。

【文鳥の日】

ブンチョウ

Lonchura oryzivora ／ Java Sparrow

【分類】スズメ目カエデチョウ科　【大きさ】15cm

人懐こい性格で愛される

ぽってりとした赤いくちばしと、青みがかった灰色の体。「手乗り文鳥」の愛称の通り、よく人に馴れるため、根強い人気の飼い鳥だ。ジャワ島とバリ島の固有種で、かつては農地や住宅地でもよく見られた。学名は「田んぼの稲穂を食べる鳥」という意味で、現地では稲を荒らす有害鳥として疎まれ、飼い鳥として大量に輸出されていた。日本では江戸時代にオランダ船で運ばれた野生種をもとに、シロブンチョウやサクラブンチョウがつくられた。現在は野生種が急速に減少したため輸出禁止となり、飼育下で殖やされたものが飼い鳥になっている。

【リクエストの日】

ミドリヒロハシ

Calyptomena viridis ／ Green Broadbill

【分類】スズメ目ヒロハシ科　【大きさ】17cm

緑の羽毛に埋もれたくちばし

全身が見事な緑色で、ずんぐりとしたボディーに大きめの頭、クリクリの黒目が可愛らしい。オスの翼にはメスにはない黒いすじ模様が３本ある。体の割にくちばしが小さく見えるが、実際は上くちばしがふさふさの羽毛で覆われ、先端しか見えていないだけ。好物のシロアリを捕らえるときに、くちばしが思っていたより大きく開く様子がよくわかる。主食はイチジクなどジャングルで実る果実やベリー。ひなには昆虫も与えて育てる。巣の形はユニーク。水平な木の枝に、側面に窓のような出入り口のついた大きな洋ナシ型の巣を吊り下げる。

【ラバの日（アメリカ）】

クラハシコウ

Ephippiorhynchus senegalensis ／ Saddlebill

【分類】コウノトリ目コウノトリ科　【大きさ】150cm

目を見れば違いが分かる

赤、黒、黄色の3色のカラフルなくちばしをもつ、背の高い大型のコウノトリ。くちばし上部の黄色い部分は、馬の鞍を思わせる。サバンナに流れる川、沼、湿地など水辺にペアでいることが多い。オスとメスで羽色は同じだが、目の虹彩の色はオスは黒、メスは黄色と異なるため、双眼鏡でつぶさに確認すれば区別できる。大きくカラフルなくちばしで大きな魚を捕らえ、泥がついていると器用に水で洗い、頭からぱくりと呑み込む。魚以外にもカニ、カエル、大型の水生昆虫なども捕らえて食べることも。樹上に直径2mほどの大きな巣をつくり、ひなを育てる。

10/27

【世界新記録の日】

ハリオアマツバメ

Hirundapus caudacutus ／ White-throated Needletail
【分類】ヨタカ目アマツバメ科　【大きさ】21cm

その速さ、世界最速

世界で最も速く飛ぶ鳥、それがハリオアマツバメだ。流線型の体と先のとがった長い翼で飛行する。その速さは、なんと時速 170km。ギネス記録にも認定されている。全長は 20cm ほどで、ツバメのなかまと間違えられるが、アマツバメ科という、飛ぶことを得意とするヨタカやハチドリの親戚グループに属する鳥だ。日本では北海道など北国の森の樹洞で繁殖し、秋になると南に渡る。ハリオアマツバメが通過する峠で待っていれば、シューと羽音をたてながら、上空を高速で飛行する姿をほんの一瞬、観察することができるだろう。

【国際アニメーションデー】

ソデグロバト

Ducula bicolor ／ Pied Imperial-pigeon

【分類】ハト目ハト科　【大きさ】40cm

海辺にくらす大きな白いハト

日本の街なかでよく見られるドバトよりも大型で、白い体に翼の先が黒いことが名前の由来。同じように尾羽の先の半分ほども黒い。東南アジアの沿岸の林、マングローブ林、ココナッツのプランテーションなどに生息し、海岸沿いの市街地などでも身近に見られる。果実食で野生のイチジク、ナツメやさまざまなベリーを食べ、消化されずに排泄された種が、果樹の種子散布に貢献している。干潮に海岸の岩場で観察されることから、日本の固有種であるアオバトのように海水を飲むと考えられている。

10/29

【和服の日】

ジョウビタキ

Phoenicurus auroreus ／ Daurian Redstart

【分類】スズメ目ヒタキ科　【大きさ】全長 14cm

紋付袴で火打ち石を鳴らす

枝や杭の上に止まり「ヒィヒィ」と鳴き、尾羽を左右に振りながら「カッカッ」と声を出す。この声が火打ち石をたたく音に似ているのでヒタキの名がついた。オスはお腹がオレンジ色。メスはおとなしいオリーブ色だ。後ろから見ると両脇に見える斑紋が紋付袴を羽織っているように見えることから、「紋付き鳥」とよぶ地方もある。秋に日本へやってきて、低地の林や川原、町の公園などで冬をすごす。単独で生活し虫やクモなどをとり、マサキやピラカンサなどの実も食べてくらしている。

【初恋の日】

ヒヨドリ

Hypsipetes amaurotis ／ Brown-eared Bulbul

【分類】スズメ目ヒヨドリ科 【大きさ】28cm

皆で集まれば、大移動もこわくない

「ピーヨ、ピーィ、ピィーピョロロ」と騒がしい鳴き声だが、この声を聞くと「いいよ、いいよ」と慰められているようでホッとする人もいるそうだ。平地から山地の林にすむが、町や都会でも見られ、えさ台にも飛んでくる。雑食性で果物、木の実、花、蜜、虫のほか小鳥の卵、小さなトカゲなどなんでも食べる。秋に北国から南に渡る際は、天敵ハヤブサから命を守るための工夫をする。岬から岬への移動時に、なかまで一塊になって飛んでいくのだ。海面に映るその姿は、うねるように飛ぶ大きな動物のよう。皆で一丸となって渡りを達成する。

カンザシフウチョウ

Parotia sefilata ／ Western Parotia

【分類】スズメ目フウチョウ科　【大きさ】33cm

ジャングルのバレリーナ

ハロウィンの仮装のような不思議な見た目。オスは頭の上からぴょんと伸びる、6本の飾り羽をもっている。よく見ると羽は糸状で先は卵形だ。胸には光沢のあるグラデーションを成す羽毛が生え、ニューギニア高地にすむ人々は、この羽毛でさまざまな装飾具をつくってきた。羽毛は求愛ダンスでも大活躍。オスはステージを綺麗に掃き清めると、舞台を見下ろせる枝の葉を取り払う。この観客席の枝にメスが集まると、ステージのはじまりだ。胸の光沢を見せつけながらビロードの飾り羽を円錐状に広げ、衣装を着たバレリーナのように舞い踊る。

【新交通ゆりかもめ開通】

ユリカモメ

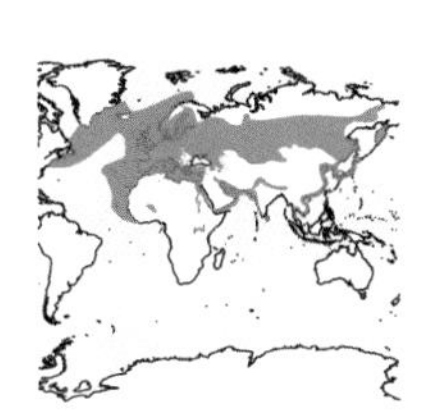

Larus ridibundus ／ Black-headed Gull

【分類】チドリ目カモメ科 【大きさ】40cm

これが本当の「都鳥」

人を恐れず、都会の川や池で餌づいているほど身近な鳥。東京都の「都民の鳥」に指定され、湾岸を走るモノレールの愛称にもなっている。日本最古の和歌集『万葉集』にも登場している。また、『伊勢物語』で在原業平が詠んだ「都鳥」はミヤコドリではなく、ユリカモメを指すというのが定説だ。沿岸、内湾、港、河口などに多数飛来し、日中はえさを求めて内陸の水辺にも入る。くちばしと足が赤く、全身が白いカモメだが、春に繁殖地のカムチャツカ半島やシベリアへ渡る頃には、頭がこげ茶色になった夏羽の姿を見ることができる。

11/2

【いい鬼の日】

オニオオハシ

Ramphastos toco ／ Toco Toucan

【分類】キツツキ目オオハシ科　【大きさ】60cm

可愛い顔して鬼なんて

日本では大きな動物の名に「オオ」とつけるが、さらに大きい種が見つかると「オニ」とつけてその巨大さをアピールする。オニオオハシは最初「オオオオハシ」だったが、オが4つも並んでよびにくいため改名させられたという経緯がある。オレンジ色の三角の羽に包まれた藍色のアイリング、先に墨をたらしたようなオレンジ色の大きなくちばしがチャーミング。オオハシ類の最大種だが、これほど「鬼」の名が似合わない鳥もいないだろう。オオハシ類は羽や胸の色もよく似ている。個性のあるくちばしを見て、彼らも同類か別種か判断しているに違いない。

ミカドボウシインコ

Amazona imperialis ／ Imperial Amazon
【分類】インコ目インコ科 【大きさ】45cm

威風堂々とした絶滅危惧種

カリブ海にはドミニカという国が 2 つある。北はドミニカ共和国、西の小さな島国がドミニカ国。11 月 3 日はドミニカ国の独立記念日であり国旗制定日だ。ミカドボウシインコはドミニカ国の固有種で、国鳥に指定され、国旗や切手にも描かれている。英名の Imperial、和名のミカドにふさわしい、威厳のある青紫色と緑色の大型インコだ。19 世紀には普通種だったが、バナナのプランテーション開発による生息地の破壊とペット人気による乱獲が続き、20 世紀後半には 100 羽以下に減少。保護活動が続けられ、21 世紀初めには 300 羽まで回復している。

クマゲラ

Dryocopus martius ／ Black Woodpecker

【分類】キツツキ目キツツキ科　【大きさ】46cm

舟をつくる木彫り名人

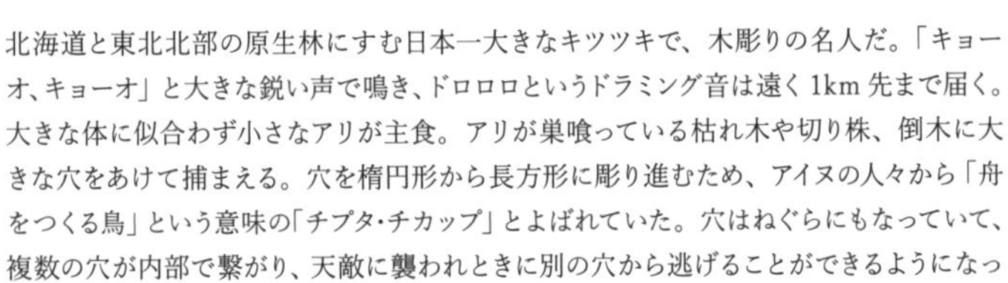

北海道と東北北部の原生林にすむ日本一大きなキツツキで、木彫りの名人だ。「キョーオ、キョーオ」と大きな鋭い声で鳴き、ドロロロというドラミング音は遠く1km 先まで届く。大きな体に似合わず小さなアリが主食。アリが巣喰っている枯れ木や切り株、倒木に大きな穴をあけて捕まえる。穴を楕円形から長方形に彫り進むため、アイヌの人々から「舟をつくる鳥」という意味の「チプタ・チカップ」とよばれていた。穴はねぐらにもなっていて、複数の穴が内部で繋がり、天敵に襲われときに別の穴から逃げることができるようになっている。

エジプトハゲワシ

Neophron percnopterus ／ Egyptian Vulture

【分類】タカ目タカ科　【大きさ】70cm

名前はハゲでも禿げてはいない

大好物は１個 1.2kg もある大きなダチョウの卵。殻の厚さは 1.6mm もあり、人間の大人が乗ったくらいでは割れない頑丈な卵だが、エジプトハゲワシは先の尖った石をくわえ、ハンマーのように何度も打ちつけて巧妙に殻を割る。しかも、それぞれが使いやすい専用の石を大事にもって使っている。そうして一度にニワトリの卵 20 個分の栄養をとるという、とても賢い鳥だ。ちなみに、頭には白いふさふさの羽毛が生えており、禿げてはいない。顔の皮膚は鮮やかな卵黄色で、貴品すら感じる風貌だ。

【お見合い記念日】

オオフウチョウ

Paradisaea apoda ／ Greater Bird-of-paradise
【分類】スズメ目フウチョウ科　【大きさ】43cm

風を食べて生きる鳥

地球一周の航海を成し遂げたマゼラン艦隊は、絹のような羽に覆われた美しい鳥の標本を持ち帰った。ニューギニアから運ばれたその鳥は箱に合わせて足が切られていたのだが、人づてに「これは足のない鳥で、楽園で一生空を飛び続け、風を食べて生きる鳥」という噂が広まった。これがオオフウチョウであり、ヨーロッパでは「極楽鳥」、日本では「風鳥」と名づけられた。オスは白からクリーム色の飾り羽をもち、頭の濃い黄色、のどの緑色が目立つが、メスはこげ茶色。繁殖期の集団見合いの場では、オスが飾り羽を揺らしてメスにアピールする。

ギンザンマシコ

Pinicola enucleator ／ Pine Grosbeak

【分類】スズメ目アトリ科　【大きさ】20cm

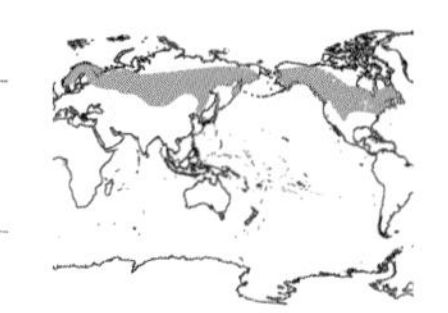

北海道の冬を知らせる

11月7日はウェルカム・ウィンターデー。冬の訪れとともに平地にあらわれるのが、ギンザンマシコだ。マシコとよばれる赤い小鳥のなかで最も大きく、日本では北海道大雪山のハイマツ林で繁殖している。オスはうろこ状の赤い羽色で「ピピッ、ピュルピュル」と鳴き、メスはオリーブ色の羽色をしている。丸みのある太いくちばしで松ぼっくりから種をとり出して食べる。ひなには虫やクモなどを運び与えて育てる。北海道では冬になると市街地にもやってくるので、街路樹のナナカマドの実やサクラの芽を食べる姿を見ることができる。

【おもてなしの心の日】

ルリガシラセイキチョウ

Uraeginthus cyanocephalus ／ Blue-capped Cordon-bleu
【分類】スズメ目カエデチョウ科 【大きさ】13cm

サバンナを飛び交う空色の小鳥

空と雲を混ぜたような、絶妙なスカイブルー。漢字では「瑠璃頭青輝鳥」と書く。尾羽が長く、すらりとした見た目の小鳥だ。オスは背から翼が赤みを帯びた灰色で、頭から胸、腹、尾羽は明るい空色、ちらりと見えるくちばしは赤い。メスの空色はオスに比べてやや薄く、頭は灰褐色で、くちばしの赤も薄いピンク色に見える。アカシアの木がまばらに生えるサバンナの草地や藪のなかにペアか小さな群れでくらし、人家の周辺でも見ることができる。草の種が主食だが、シロアリなども食べ、ひなにも栄養価の高い虫を与えて育てる。

カベバシリ

Tichodroma muraria ／ Wallcreeper

【分類】スズメ目ゴジュウカラ科 【大きさ】17cm

岩壁生活も慣れたもの

アルプスの高山の崖や岩壁をすみ家にして、壁面を跳びながら移動する習性が英名、和名共通の由来だ。岩場ぐらしに適応した小鳥で、羽を使って飛ぶよりも、足でジャンプしながら小刻みに岩壁をよじ登って移動するほうが、たやすいようだ。灰色の羽は岩に溶け込み、フクロウやハヤブサに狙われたときも茂みではなく岩の割れ目に姿を隠す。ときどき幅の広い丸くて赤い翼を広げて飛び、この時ばかりは地味に見えたカベバシリが急に鮮やかな鳥に変身する。繁殖期以外は単独で生活し、繁殖期はオスとメス共同でひなを育てる。

11/10

【映画「ハリーポッターと賢者の石」公開（イギリス）】

メンフクロウ

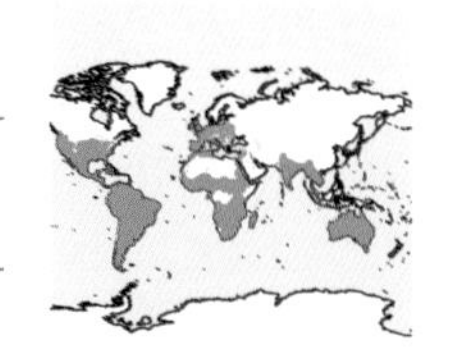

Tyto alba ／ Common Barn-owl

【分類】フクロウ目メンフクロウ科　【大きさ】40cm

なんとも身近な廃屋の妖怪

Barn= 納屋の英名の通り、ヨーロッパでは古びた建物や廃屋などの薄暗い場所にいる。不吉な鳴き声、青白い顔やシルエットから、亡霊や妖怪のモチーフにされてきた、と聞くとイメージが良くないかもしれないが、ネズミ退治をしてくれるため人々に重宝されている。ハリーポッターの映画ではハリーの友人のネビルが飼うハートマークの顔をしたフクロウとしても知られる。普段は夕方と明け方の薄暗い時に狩りをするが、月夜には一晩中狩りをする。夜行性とはいえ真っ暗闇よりは、薄明りの下の方が獲物を見つけやすいようだ。

トパーズハチドリ

Topaza pella ／ Crimson Topaz

【分類】ヨタカ目ハチドリ科　【大きさ】♂ 23cm　♀ 13cm

繊細に光り輝くハチドリの王

11月の誕生石トパーズは、多彩な色をもつ珍しい宝石。英名・学名・和名のすべてに「トパーズ」を冠し、その名にふさわしい光り輝く羽色をもつ。さらに大きな体、攻撃的な習性から「ハチドリの王様」とよばれている。オスは多いときには20羽近くが求愛場に集まり、複雑な囀りと翼や尾羽を広げるディスプレイで、樹冠部近辺を旋回飛行をして、メスにアピールする。つる性植物やブロメリア、緋色の円錐形をしたコスツスの花房などから蜜を得る。オスは好物の花の木の周りをなわばりとして、大事に守る姿がよく見られる。

【皮膚の日】

ベニジュケイ

Tragopan temminckii ／ Temminck's Tragopan

【分類】キジ目キジ科　【大きさ】♂ 64cm　♀ 58cm

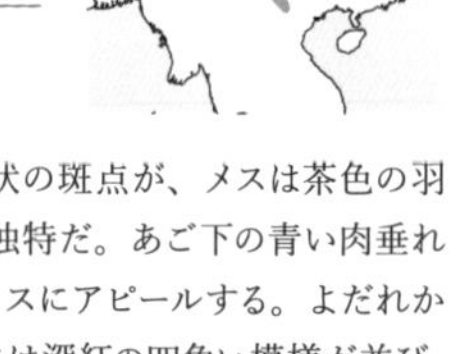

目を疑う求愛行動

高地の森林に生息するキジで、オスは深紅の羽に白い珠状の斑点が、メスは茶色の羽に白いくさび状の斑点がある。オスの求愛ディスプレイは独特だ。あご下の青い肉垂れをビローンと伸ばし、まるでよだれかけをしたような姿でメスにアピールする。よだれかけの柄は、中央の色の濃い部分は水色の水玉模様、両側には深紅の四角い模様が並び、かなりサイケデリック。肉垂れ状の皮膚は顔から頭へと続き、さらに２本の角のように立ちあがる。このとにかく目立つ姿で翼をばたつかせ、「シチャッ、シチャッ…」と繰り返し鳴きながらメスに迫る。

ヤンバルクイナ

Hypotaenidia okinawae ／ Okinawa Rail

【分類】ツル目クイナ科　【大きさ】35cm

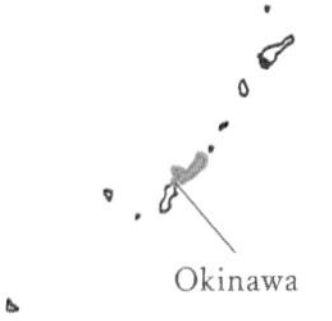

20世紀の大発見

1981年11月13日に沖縄で発見され、世紀の大発見と話題になった。暗い林や谷間で生活し、空も飛ばないため発見が遅れたといわれている。地元の人々には昔から知られていて、山鳥を指す「ヤマドゥリ」とよばれていた。沖縄本島北部のヤンバルとよばれる常緑広葉樹林の固有種で、地上を歩きまわり、足で落ち葉や土をかきわけミミズや草の種など見つけて食べる。歩きながら小さな声で「コロコロ」と、早朝や夕方には大きな声で「キュキュキュ」と鳴き、夜になると駆け上がるようにして樹上に登り休む。沖縄を代表する人気の鳥だ。

【関門橋開通】

カリガネ

Anser erythropus ／ Lesser White-fronted Goose

【分類】カモ目カモ科　【大きさ】60cm

小ぶりな体の可憐なガン

漢字では「雁音」と書き、もともとはカリガネも含めたガン科の鳥の鳴き声を表す言葉でもあった。見た目はマガンによく似ているが、より小型で、白い額が頭の上まであり、ピンク色で短いくちばしと金色のアイリングが可憐な印象を与える。声は「キョヨヨ、キョヨヨ」や「キィキィ」と、マガンよりも甲高い。冬鳥としてマガンの群れに混じり日本へ飛来し、草食でイネ科の植物の葉や落穂を食べる。春になるとシベリア北部の北極圏の繁殖地へ戻り、ツンドラの中に営巣し、オスメス協力してひなを孵し、子育てする。

【いいインコの日】

アカクサインコ

Platycercus elegans ／ Crimson Rosella

【分類】インコ目インコ科　【大きさ】36cm

深紅の衣がエレガント

鮮やかな赤紫色のクリムソンカラーがエレガントなインコ。学名と英名はその姿をよくあらわしている。翼、尾羽、のどにはスカイブルーの羽をもち、背は黒縁のはいった紅色だ。海岸から山地の湿潤な林に多く生息し、周囲の藪や市街地にもよくあらわれる。松の実が大好きで、松ぼっくりの中からくちばしで器用に種を取りだして食べる。果実や木の実も食べるため、果樹園のリンゴ、ナシ、アンズなどに被害を及ぼすこともある。ユーカリやアカシアの高木の上の枝穴に営巣し、枝穴は毎年同じものを好んで使っている。

11/16

【幼稚園記念日】

キジバト

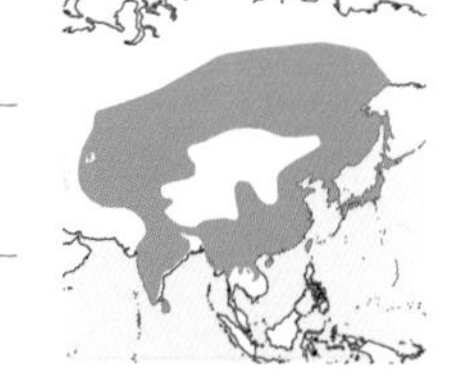

Streptopelia orientalis ／ Oriental Turtle dove

【分類】ハト目ハト科　【大きさ】33cm

ひなを育てるのは鳩のミルク

「デデッポーポー」と鳴く、日本でよく見られる野生のハト。まん丸とした目は、たしかに「鳩が豆鉄砲を食った」ように、きょとんとして見える。「ヤマバト」ともよばれ、かつては山地や畑で生息していたが、今では町や都会の公園、街路樹などでも、ペアで仲良く翼や尾羽を広げて日向ぼっこをしている姿が見られる。ひなに与えるのは、なんとミルクだ。ただしミルクといっても、体内にある素嚢（そのう）という器官で、木の実や穀物をミルク状にした、栄養価の高い「ピジョンミルク」のこと。これを樹上の木の枝でつくった巣で口移しで与えて、ひなを育てている。

【ビロード革命勃発（チェコ）】

ヒヨクドリ

Cicinnurus regius ／ King Bird-of-paradise

【分類】スズメ目フウチョウ科　【大きさ】16cm

美しい風鳥はダンスを踊る

小さいフウチョウだが、色合いはとても華やかで、最も目をひく種といえる。上体はビロードを思わす深紅に、腹部は純白、下から見上げると尾羽の裏側と足の明るいコバルト色がアクセントとなり美しい。尾羽のつくりはユニークで、2本の長い糸のような羽が竪琴のように湾曲して、先はらせん状に巻いた緑の球になっている。ディスプレイでは胸にある緑の飾り羽を扇のように開き、2本の尾羽を直立にして、ネコのような声を出しながら樹冠部で踊りを披露。枝の股に巣づくりする鳥が多いフウチョウでは珍しく、ペアになると樹洞に巣をつくる。

【ラトビア独立記念日】

ハクセキレイ

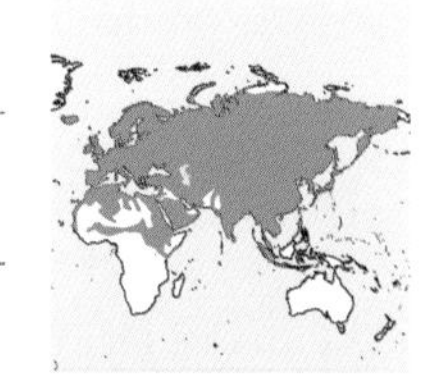

Motacilla alba ／ White Wagtail
【分類】スズメ目セキレイ科　【大きさ】21cm

人を恐れずあちこち散歩

冬になると、駅前の街路樹を集団でねぐらにしている白い鳥、ハクセキレイを見かける。昼間は海岸、河口、川、田んぼなどの水辺でくらし、水生昆虫などを好む。飛び立つときには「チュチュン、チュイリー」と鳴き、人への警戒心が薄いため、都会の公園でもよく見られ、尾羽を上下に振りながらあちこち歩いている。ユーラシアからアフリカにかけて広く分布し、白、黒、灰色の羽色パターンは地域により少しずつ異なる。ラトビアの国鳥のタイリクハクセキレイは顔が白く、日本のハクセキレイに見られる黒い眼下線がないのが特徴だ。

【ペレの日（ブラジル）】

コンゴウインコ

Ara macao ／ Scarlet Macaw
【分類】インコ目インコ科　【大きさ】90cm

先住民と共存してきた、ご長寿インコ

中南米を代表する赤、青、黄色がまぶしいほどに鮮やかな大型のインコ。尾羽の長さは実に体の半分以上。また、尾羽だけでなく、寿命も長い。ギネスブックには64年も生きた記録がある。アマゾンと中米の熱帯雨林に生息し、先住民はコンゴウインコの羽で祭礼の冠や飾りをつくってきた。装飾には大量の羽が使われ、狩猟によるものもあるが、その多くはひなのうちから飼い慣らし、毎年換羽の時期に落ちる羽を集積したもの。先住民は昔から持続可能な方法で資源の利用を行って、コンゴウインコと共存してきた。

【カルシウムの日】

カワリサンコウチョウ

Terpsiphone paradisi ／ Indian Paradise-flycatcher

【分類】スズメ目カササギビタキ科　【大きさ】♂ 30cm　♀ 20cm

神々しくもある尾羽

長く美しい尾羽をもつオスは、栗色タイプと白色タイプに分かれ、同じ種類の鳥でもすむ地域によって色が違うことがこの名の由来。夏にネパールなどヒマラヤ山脈山麓の落葉樹林やプランテーションで繁殖し、冬にはインドの平地に渡り家の庭先などにもあらわれる。ペアの絆と闘争心が強く、なわばりへの侵入者にはともに攻撃して追いだす。巣は日本のサンコウチョウと同じように細い枝の股や蔓にコップ状につくる。毎年同じ場所に営巣し、抱卵も育雛もオスとメスで協力して行う。

トモエガモ

Anas formosa ／ Baikal Teal

【分類】カモ目カモ科 【大きさ】40cm

オスは静かに愛を語る

水が渦を巻いたような文様を「巴模様」とよぶ。トモエガモは、オスの顔を彩る緑色と黄色と黒の巴模様から命名された。「バイカルのコガモ」の意味をもつ英名の通り、ロシアのバイカル湖周辺のシベリア東部で繁殖する東アジア特産種で、日本には冬鳥として湖沼、川、池などに飛来する。年により飛来数の差が大きく、最近では大群が見られることは少なくなった。日中は薄暗い水辺で休み、夕方になると水田や川で水草や種などを食べる。春先になるとうつむき加減に「ウルップ、 コココ」とオスが鳴く、メスへの静かなディスプレイが見られる。

11/22

【ボタンの日】

ボタンインコ

Agapornis lilianae / Nyasa Lovebird

【分類】インコ目インコ科　【大きさ】14cm

仲睦まじい可愛いインコ

漢字では「牡丹音呼」と書くことからもわかるように、名前の「ボタン」は花の牡丹のこと。牡丹は美しさの象徴だ。ペットとしても人気で、水色などさまざまな色変わりの品種があるインコだ。原種は、トマト色の顔に白いアイリング、バラ色のくちばしに、緑色の体。故郷はアフリカ南東部の国、マラウイ。アカシアの木がまばらに生えるサバンナで、草の種、野生の米や粟、マンゴー、花、果物の種子などを食べている。「ラブバード」ともよばれるほどペアの仲は良く、2羽で寄り添う可愛らしい姿を見ることができる。

11/23

【いい家族の日】

カオジロモリヤツガシラ

Phoeniculus bollei ／ White-headed Woodhoopoe

【分類】サイチョウ目カマハシ科　【大きさ】35cm

子育てはヘルパーが大活躍

8種いるモリヤツガシラのなかまは、全身が金属光沢のある紫色から緑色の羽色で、遠目には暗い色合いだ。そのなかでカオジロモリヤツガシラだけは淡い黄褐色の顔で、真っ赤なくちばしも映える、明るい印象の鳥だ。モリヤツガシラのなかまの子育ては地域協力型。キツツキの古巣など高所の木の穴や割れ目に営巣し、ペアの子育てをヘルパーが手伝いグループ全体で子育てを行う。繁殖期以外も数羽の小群でくらし、いっしょに木の幹を垂直によじ登り、虫やクモ、シロアリなどを捕って食べる。動物食だが、小さな種やベリーも好む。

11/24

【進化の日】

キツツキフィンチ

Geospiza pallida ／ Woodpecker Finch

【分類】スズメ目フウキンチョウ科　【大きさ】15cm

あの進化論に貢献

1859年11月24日刊行のダーウィンの『種の起源』。ここで語られた進化論は、ガラパゴス諸島のゾウガメがヒントとなったとされるが、島じゅうに生息する小鳥たちもまた、彼の発見の糸口となった。島ごと、食性ごとにくちばしの太さや形が異なる小鳥たちは、後に「ダーウィンフィンチ」と名づけられる。そのなかで最もユニークだったのがキツツキフィンチ。くちばしにくわえたサボテンの棘や細い枝で、幹のすき間に潜む虫を引っ張り出し食べていたのだ。この道具を使って工夫しえさをとるフィンチの姿が、彼に進化という考えをもたらしたといわれている。

【ウッディー・ウッドペッカー スクリーンデビュー】

ハシジロキツツキ

Campephilus principalis ／ Ivory-billed Woodpecker

【分類】キツツキ目キツツキ科 【大きさ】50cm

絶滅後に幻の目撃談

1940年11月25日は人気キャラクター、ウッディー・ウッドペッカーがスクリーンデビューした日。モデルとなったハシジロキツツキは、かつて北米南部とキューバに生息し、大木の連なる森で、木の幹に象牙色の大きなくちばしで巣穴をくり抜きくらしていた。しかし、深い森の大木が切り倒され都市や農地になるとともに、彼らの姿は消えていった。20世紀半ばには保護鳥に指定されたが、時すでに遅く、現在では絶滅したと考えられている。しかしながらキューバでは1986年に目撃談があり、アメリカでもまだ生存が信じられている。

【モンゴル国家独立宣言日】

オジロワシ

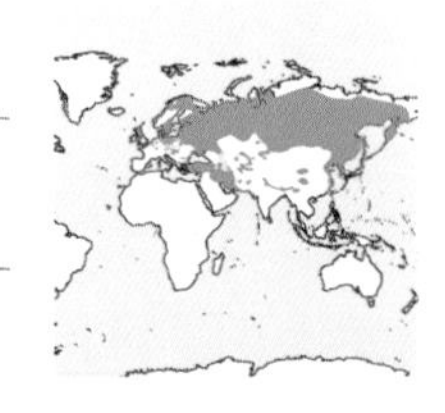

Haliaeetus albicilla ／ White-tailed Eagle

【分類】タカ目タカ科 【大きさ】♂ 84cm ♀ 94cm

中央アジア内陸のハンター

ユーラシア大陸の北部に広く分布し、日本にも冬鳥として飛来。北海道東部では、少数が繁殖している。日本ではオオワシとともに海岸、河口、湖沼などで魚やカモ、カモメなどをとってくらす海鷲として知られる。流氷の上で羽を休める姿はとても凛々しく魅力的だ。ユーラシア大陸の内陸部にも生息し、モンゴルをはじめカザフスタンなど中央アジアの6カ国で国鳥に指定されている。トルコ系民族のカザフ族の鷹匠は大きなオジロワシを使い、魚ではなく、ノウサギやキツネ、キジ類を獲物に狩りを行う。

【ノーベル賞制定記念日】

ヒョウモンシチメンチョウ

Meleagris ocellata ／ Ocellated Turkey

【分類】キジ目キジ科　【大きさ】♂ 90cm　♀ 75cm

特徴のありすぎるその姿

アメリカの11月第4木曜日は収穫を祝う感謝祭、別名ターキー・デーだ。ヒョウモンシチメンチョウはメキシコのユカタン半島のジャングルに群れでくらし、全身に金属光沢のある羽をもつ美しい鳥。尾羽と腰の上尾筒の先にある、青く光るヒョウ柄に似た目玉模様が特徴だ。繁殖期になるとオスは頭の青い皮膚が冠状に盛り上がり、頭から首にあるオレンジ色のつぶつぶと、目の周りの赤色がはっきり鮮やかになる。ディスプレイではクジャクのように羽を広げ、目玉模様をアピールする。意外に身軽で、危険が迫るとサッと飛んで逃げてしまう。

11/28

【アルバニア建国記念日】

イヌワシ

Aquila chrysaetos ／ Golden Eagle

【分類】タカ目タカ科　【大きさ】♂ 81cm　♀ 89cm

大空と森の王者

日本では冬にだけ見られる「海鷲」といわれるオオワシに対し、イヌワシは一年を通じて山岳地にくらす「山鷲」。断崖や岩場のある山地の森林に生息し、1羽かペアで広大ななわばりをつくる。稜線の上をはばたかずに輪を描いて飛び、ノウサギ、ヤマドリ、ヘビを見つけると、翼をすぼめて急降下し捕らえる。険しい断崖の岩棚につくる巣は、直しつつ何年も使うため、厚さが 2m になることも。繁殖期には甲高い声で「カッカッカッ」「ピーヨ」と鳴く。アルバニアでは国鳥に定められており、伝説では、アルバニア人は鷲の子孫であるとされている。

【ダンスの日】

オナガセアオマイコドリ

Chiroxiphia linearis ／ Long-tailed Manakin
【分類】スズメ目カザリドリ科 【大きさ】♂ 25cm ♀ 11cm

不思議すぎる求愛ダンス

中米に生息する鳥で、中央の長い尾羽が特徴だ 。全身が地味なオリーブ色のメスに対し、オスは黒い体に水色の背中、赤色の頭とよく目立つ。求愛ディスプレイでは 2 羽のオスが見事な連携プレーを見せる。メスの前で 2 羽が並んで、水平な枝にスタンバイ。交互に跳びあがりぐるぐると回転する「観覧車ダンス」を披露する。「ミニョン、ミニョン…」と鼻にかかった声で鳴きながら、さらにスピードアップ。熱いダンスのさなか、1 羽が一声鳴いて合図すると、もう 1 羽が枝から離れる。残ったオスとメスが空中でラストダンスを舞えば、ペア成立だ。

11/30

【ボニファシオ記念日（英雄誕生日・フィリピン）】

セキショクヤケイ

Gallus gallus ／ Red Junglefowl

【分類】キジ目キジ科　【大きさ】♂ 70cm　♀ 45cm

ニワトリのご先祖様

ニワトリには、セキショクヤケイが進化したというダーウィンが唱えた「単元説」と、数種類の野鶏が交雑してニワトリになったという「多元説」がある。現代のゲノム解析では、セキショクヤケイのほかに、ハイイロヤケイやセイロンヤケイのDNAも含まれることがわかってきた。いずれにせよ、セキショクヤケイがニワトリの祖先であることには間違いない。オスはニワトリと同じ形の赤いトサカをもち、顔とのどの肉垂れも赤い。「コケコッコウ」という鳴き声で朝の訪れを告げる役目も、ニワトリに引き継がれている。

【八戸線「うみねこ」運行開始日】

ウミネコ

Larus crassirostris ／ Black-tailed Gull

【分類】チドリ目カモメ科 【大きさ】47cm

漁師も信頼を寄せていた魚群探知機

日本の海辺で最も目にするカモメ。ウミのネコというだけのことはあり、ネコのような「ミャオー」という声で鳴く。漁業が盛んな青森県には「鴎（かもめ）が鳴けば鰯（いわし）の漁あり」という言い伝えがある。魚群探知機のなかった頃の猟師は、ウミネコなど白いカモメの群れを頼りに漁をしたことから生まれた。青森県の蕪島はウミネコの集団繁殖地として、国の天然記念物にも指定されている。沿岸、内湾、港、河口などに広く生息し、魚や水生動物のほか、魚港や漁船から出る魚のアラに群がる。海岸や島の岩場などで集団営巣し、枯れ草や羽毛で巣をつくる。

12/2

【ビフィズス菌の日】

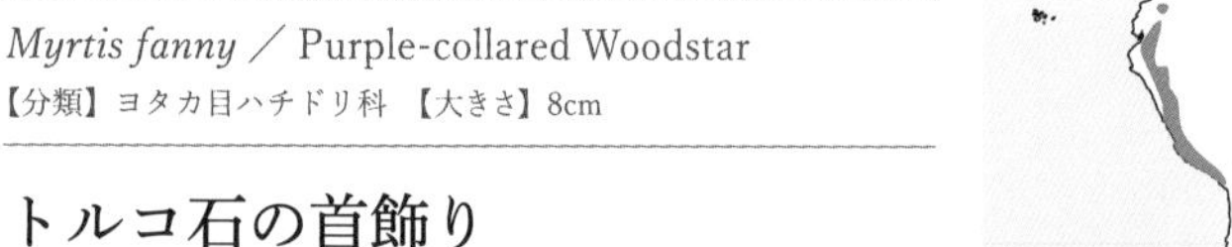

オウギオハチドリ

Myrtis fanny ／ Purple-collared Woodstar

【分類】ヨタカ目ハチドリ科　【大きさ】8cm

トルコ石の首飾り

下向きに湾曲した長いくちばしが印象的な、小さなハチドリ。体全体が輝くオリーブ色の羽で覆われている。オスはのどに12月の誕生石トルコ石を彷彿とさせる色斑があり、その下の襟まわりは紫色、腹は白色で、尾羽には深い切れ込みが入っている。メスは腹側がすべて明るく淡いオレンジ色で、尾羽の先は丸まっている。決まったルートをもち、サボテンやハナチョウジなどの低い灌木の花を訪ねて、蜜を集める。メスはごく小さなカップ形の巣を地上6m以上の高さにある細い枝の股にかけ、2卵を15～16日間温めてひなを孵す。

アオアズマヤドリ

Ptilonorhynchus violaceus ／ Satin Bowerbird

【分類】スズメ目ニワシドリ科　【大きさ】33cm

彼女は青いものが好き

オスがメスとの出会いの場をつくるニワシドリのなかま。オスはメスを誘うため小枝を集めて２列に並行な東屋を建て、周辺の庭は羽と同じ青色のパーツで埋め尽くす。自分の羽や花に加え、青ければプラスチック片など人工物でも構わず、「青」はアオアズマヤドリにとって重要なコレクションになっているが、はたして人類と出会う前のオスは羽や花以外にどんな青を集めていたのだろうか。東屋を完成させたオスは青い世界に囲まれ、メスを迎えるために翼を広げて踊る。オリーブ色のメスが小枝の間の小路を通り抜ければ、見事カップル成立だ。

12/4

【海軍記念日（インド）】

ハイイロヤケイ

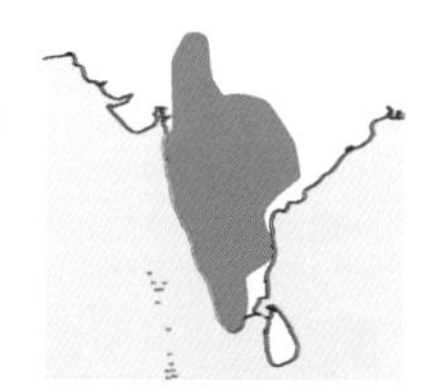

Gallus sonneratii ／ Grey Junglefowl

【分類】キジ目キジ科　【大きさ】♂ 80cm　♀ 38cm

ちょっぴりシャイな野生のニワトリ

野生のニワトリである4種のヤケイの一つで、オスは灰色と白、黒、明るい黄褐色の羽が美しい。警戒心が強く、ペアか単独でくらし昼間は林や竹藪でひっそり過ごす。明け方と夕方の薄暮のときに林縁の草むらや畑に出てきて、草の種、葉、球根から昆虫まで雑食でいろいろなものを食べる。鳴き声がニワトリとは少し変わっていて「クック、カヤ、カヤ、クック」と4節で、終わりに「クン、クン」と低い声で呟くように鳴く。鳴き声までシャイなようだ。インドの東に分布し、西にいるセキショクヤケイと中央部では交雑している。

アリスイ

Jynx torquilla ／ Eurasian Wryneck

【分類】キツツキ目キツツキ科　【大きさ】18cm

大好物のアリをペロリ

アリを吸うように舌で舐めとって食べるため、この名がついた。主食はもちろんアリ。アリの巣を見つけると、その場を離れることはない。1羽でくらし、地上や朽ち木に隠れる獲物を探して食べる。キツツキのなかまだが、穴を掘らずほかのキツツキの古巣や自然にある穴に営巣する。「キィーキィキィ」とモズに似た鋭い声で鳴き、親鳥は外敵が近づくと「シューシュー」とヘビの威嚇音に似た声で脅かし巣を守る。北日本の平地の明るい林や林縁などで繁殖し、冬には南に渡るが、この移動もアリの生息時期に合わせたものだ。

【フィンランド独立記念日】

オオハクチョウ

Cygnus cygnus ／ Whooper Swan

【分類】カモ目カモ科 【大きさ】140cm

伝説をもつ冬の使者

白く大きな体に気品ある佇まいのハクチョウは、冬の使者として古代からさまざまな白鳥伝説が語られてきた。日本で冬を過ごすのは、やや小型でくちばしの黄色斑が小さいコハクチョウと、大型でくちばしの黄色い斑が広いオオハクチョウ。後者はカモのなかまとしては日本最大だ。湖沼、川、河口、内湾などに飛来して落穂、草や根などを食べるが、越冬地では餌づけされているものも多く、人が与えるパンなどに頼るものも。春先には大群が北海道東部に集結。一斉に繁殖地のシベリアへ帰る姿は、とても優雅だ。フィンランドでは国鳥に指定されている。

ミヤマオウム

Nestor notabilis ／ Kea

【分類】インコ目フクロウオウム科　【大きさ】48cm

たくましき雪中に生きるオウム

ニュージーランドの山岳地帯に棲息し、現地のマオリ語で「ケア」とよばれる、とても賢いオウム。山小屋や別荘のごみ箱を漁ったり、靴を持ちだして遊んだりといたずら好きだ。本来はほかのオウムと同じように植物食で果実、球根、花蜜を食べていたが、人が捨てたヒツジのくず肉の味を覚えてからは肉食に目覚めてしまった。次第に鋭いくちばしでヒツジを襲うようになり、羊飼いから睨まれ駆除されるようになった。しかし、駆除の手も賢くすり抜け、厳しい冬季の雪中でくらす唯一のオウムは、栄養状態を維持しつつ、今日もたくましく生きている。

12/8

【事納め】

キキョウインコ

Neophema pulchella ／ Turquoise Parrot
【分類】インコ目インコ科　【大きさ】20cm

トルコ石の翼を羽ばたかせて

水彩画から抜けだしてきたような色合いで、「トルコ石のインコ」の英名の通り、ブルーの翼をもったインコだ。セキセイインコと同じくらいの大きさで、オスは青、緑、赤、黄色、紫色の羽をもち、メスも同じ色味だがオスより少し淡い羽色をしている。飛びあがる際には翼と尾羽を開き、カラフルな自慢の羽をチラリと見せてくれる。明るい林や草地に小群でくらし、石ころが混じるような地面に下りては草の種、花、果実を求めて歩きまわる。ユーカリなどの倒木の穴や岩のすき間などによく営巣する。

オオマシコ

Carpodacus roseus ／ Pallas's Rosefinch
【分類】スズメ目アトリ科　【大きさ】17cm

冬のバードウォッチングの人気者

赤い小鳥「猿子（ましこ）」の一員で、日本には冬鳥として林や草原に飛来する。枯れ木や枯草、雪景色に彩りを添える、ほんのり白みがかった優しい赤色は、冬のバードウォッチングでも人気だ。英名では、その色はバラ色と表現されている。オスは赤い上品な羽をもち、頭とのどの白い羽がアクセントになっている。メスは茶色い小鳥で、顔や胸などが少し赤味を帯びる。小群でくらし、ハギの種を好み、細い枝に止まってはぶら下がるようにして種をついばむ。「ツィー、チッ」と小さな高い声で鳴き、なかまをよぶときは「チーィ」とひときわ大きな声で鳴く。

【ベルトの日】

ツリスガラ

Remiz consobrinus ／ Chinese Penduline-tit

【分類】スズメ目ツリスガラ科　【大きさ】11cm

お食事はパチパチ音を立てて

アシ原に生息する小鳥で、冬鳥として主に西日本のアシの生える水辺に飛来する。日本では繁殖していないが、中国内陸の繁殖地ではヤナギの花穂の綿毛や羊毛を使い、木に吊られたようなホワホワとした袋状の巣をつくることから、この名でよばれている。短いが先の尖った円錐形のくちばしで、アシの茎の皮を器用に剥ぎ、中にいる幼虫を食べる。枯れたアシと同じ薄茶色の羽をもち、小さい体でよく動きまわるためアシ原に紛れてしまうが、アシの皮を剥ぐときの「パチパチッ」という音が聞こえる方向を探せばすぐに見つけられる。

【国際山岳デー】

キガシラセキレイ

Motacilla citreola ／ Citrine Wagtail

【分類】スズメ目セキレイ科　【大きさ】17cm

人気者の小柄な旅鳥

小さい体ながらオスは頭から首、腹にかけて鮮やかな黄色が目立ち「レモン色のセキレイ」の英名がぴったりだ。メスと幼鳥は頭や顔は灰色っぽく、あまり目立たない。シベリアのツンドラ地帯や中央アジアの山岳地の水辺で繁殖し、冬には東南アジアに渡るものもいて、日本では行き帰りの途中、数少ない旅鳥として春や秋に九州より南に立ち寄る。長崎県の対馬で毎年行われる春の探鳥会では、田植えのはじまる水田などでよく観察される、バードウォッチャーに人気の鳥だ。

12/12

【ポインセチア・デー（アメリカ）】

ベニヒワ

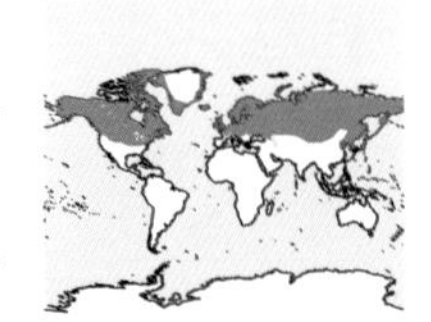

Acanthis flammea ／ Redpoll

【分類】スズメ目アトリ科　【大きさ】13cm

赤い帽子がよく似合う

オスもメスも小さな赤いキャップをかぶった小鳥。白と茶の体に、頭部は濃い赤、腹部は赤のグラデーションとトータルコーディネートされていて愛らしい。分布は広く、北半球の北部寒帯域では夏鳥として繁殖し、亜寒帯域では留鳥、温帯域では冬鳥としてすごす。日本では冬鳥として秋から春先までくらすが、大群で渡ってくる年もあれば、ほとんど姿を見せない年もあり、年によってはっきりしている。カバノキの種や草の種を食べ、「チッ」「チョチョウチョ」と鳴く。マヒワの群れに混じる際は、「チュイーン」とマヒワに似た声も出す。

【共和制施行記念日（マルタ）】

イソヒヨドリ

Monticola solitarius ／ Blue Rock-thrush

【分類】スズメ目ヒタキ科　【大きさ】23cm

磯辺を拠点に内陸にも侵出中

メスがヒヨドリにそっくりな灰褐色の羽色をもつことからイソヒヨドリとよばれるが、実はヒタキ科の鳥。オスはメスとは違い、青とレンガ色のおしゃれなツートンカラーの羽をもつ。岩の多い磯で見られる鳥で、地中海の島国、マルタ共和国では国鳥になっている。近年では磯辺だけでなく内陸にも侵出し、ビルや鉄道の高架を崖に見立てて営巣している。１羽かペアでなわばりをつくり、屋根や電柱など目立つ場所で「ホイピーチョイチュウ」などと胸を張って囀る姿をよく目にする。フナムシ、トカゲ、虫などの動物質のほか、種や果実もよく食べる。

コウテイペンギン

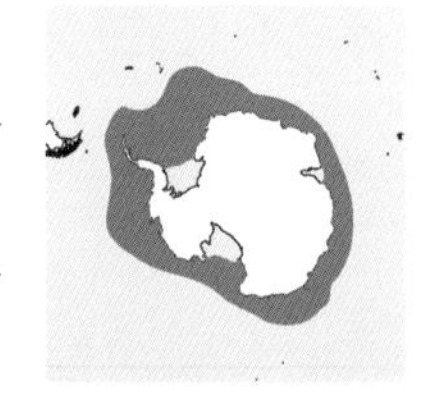

Aptenodytes forsteri ／ Emperor penguin

【分類】ペンギン目ペンギン科　【大きさ】110cm

極寒の地で命をつなぐ

南極の鳥といえばペンギン。しかしペンギン 18 種のうち、南極大陸で子育てするのは最大種のコウテイペンギンだけ。そして彼らの子育てはとても過酷だ。繁殖地のコロニーに 1 万羽以上が集まりペアになると、メスは 1 卵を産み、ひなに与えるえさを求めて海まで往復 2 カ月の旅に出る。その間オスは足の甲に卵をのせ、食事もとらずに温め続ける。無事に戻ったメスは、胃に溜めたえさを吐きだし離乳食としてひなに与える。そうしてオスはやっと己の食事のため海に向かうが、絶食は 3 カ月にも及び、極限の地で命がけで次の命をつないでいる。

【古都京都 世界遺産登録】

キョウジョシギ

Arenaria interpres / Ruddy Turnstone
【分類】チドリ目シギ科 【大きさ】22cm

粋な姿で小石を裏返す

雅やかなオレンジ色の羽色といで立ちから「京女鷸」という粋な名前をもらった小型のシギ。英名の Turnstone のとおり、海岸の小石や打ち上げられた海藻をクルリとひっくり返し、潜んでいるカニなどを追いだして捕らえる。ひっくり返す石がないときは、先の尖った短いながらも頑丈なくちばしを岩場のすき間に入れて貝や虫をつまみ出し、二枚貝なども器用にこじ開けて食べる。北極圏で繁殖し、冬には暖を求めてオーストラリア南岸まで渡る。日本には春秋の渡りの途中に干潟や海岸に飛来して、旅の疲れを癒したり栄養補給を行う旅鳥だ。

12/16

【和解の日（南アフリカ）】

ハゴロモヅル

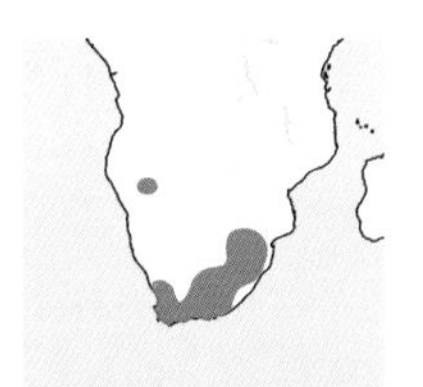

Anthropoides paradiseus ／ Blue Crane

【分類】ツル目ツル科　【大きさ】120cm

気品あふれる天女の羽衣

南アフリカ共和国のズールー族にとって、かつては王族だけがその羽を身に着けたといわれる神聖な鳥。現在でも崇められ、国鳥として大事にされている。英名の訳は「青いツル」だが、和名は「楽園のツル」という意味の学名からつけられた。天女の羽衣を思わせる長く伸びる翼の羽に、緩急のあるＳ字を描く長い首は、芯のある気品を感じさせる。ツルのなかでは珍しく頭や顔に赤い裸出部がなく全体が淡い灰色で、頭頂部は白い羽毛に覆われている。高原サバンナの草原にくらし、農地にもあらわれてはバッタなどの昆虫を好んで食べる。

ヒムネタイヨウチョウ

Chalcomitra senegalensis ／ Scarlet-chested Sunbird
【分類】スズメ目タイヨウチョウ科　【大きさ】14cm

陽光に輝くサンバード

タイヨウチョウのなかまはアフリカ、アジア、オーストラリアなど旧世界の熱帯域に生息する。鮮やかな全身の色彩と花の蜜を主食にしているところは、ちょうど新世界のハチドリと似ていて、同じような進化をたどったと考えられている。花はタイヨウチョウのおかげで受粉ができ、育った花の蜜が今度は彼らの食料となる。ヒムネタイヨウチョウのオスは、黒い体に映える紫色の小さな斑点のある赤い胸、金属光沢のある頭の緑色がよく目立つ。花に止まり細長くカーブしたくちばしで蜜を吸い、小さな昆虫やクモも捕まえて食べる。

【国際移民デー】

キンムネオナガテリムク

Lamprotornis regius ／ Golden-breasted Starling

【分類】スズメ目ムクドリ科 【大きさ】30cm

金色の胸をした豪華なムクドリ

テリムクは、アフリカに分布する金属光沢のあるムクドリのグループに属している。青緑から紫色に輝く羽色をもつ種類が多いなか、キンムネオナガテリムクは胸から腹にかけて鮮やかな金色の羽をもち、尾羽が長いのが特徴だ。サバンナや乾燥した草原に生息し、地面に下りてコガネムシ、シロアリなどの昆虫や果実を食べる。小群でくらし、樹洞やキツツキの古巣の穴に枯草や哺乳類の毛をカーペットのように敷いて営巣し、メスの抱卵中はオスがえさを運ぶ。ひなが孵ると、若鳥などもヘルパーになってえさを運び、みんなで一緒に子育てをする。

【日本人初飛行の日】

キレンジャク

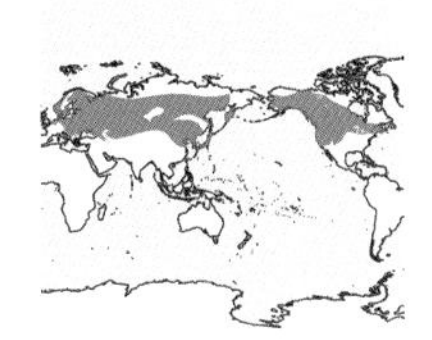

Bombycilla garrulus ／ Bohemian Waxwing

【分類】スズメ目レンジャク科　【大きさ】18cm

赤い実の似合う冬の鳥

冬鳥として北日本で多く見られ、札幌市内ではビル街に続くナナカマドの樹の赤い実に群がる姿が、観察できる。「チリリリ…」と鈴のような声で鳴き、ヤドリギ、イボタ、ナナカマド、ズミなどの実のほか、空中で捕まえた虫も食べる。住宅地のえさ台のリンゴなどにも集まり、見かけによらず人懐こい鳥だ。「連雀」の名の通り群れで行動し、見た目の似たヒレンジャクと1,000羽以上の混群になることもある。年により飛来数に変化があり、大群が電線などに並ぶ姿を観察できる年と、ほとんど渡ってこない年がはっきり分かれる鳥だ。

12/20

【人間の国際連帯デー】

ヤマショウビン

Halcyon pileata ／ Black-capped Kingfisher

【分類】ブッポウソウ目カワセミ科　【大きさ】28cm

バードウォッチャー憧れのハルシオン

ヨーロッパでは、冬至の前後の穏やかな気候の時期を「ハルシオン・デイズ」という。ハルシオンとは、冬至の頃に海上に浮巣をつくり、卵を孵すために風波を鎮める神話上の鳥のこと。この鳥の名が中型のカワセミ類の学名に使われ、和名では「ショウビン」と呼ばれている。日本では国内で繁殖するアカショウビンが人気だが、旅鳥のヤマショウビンも人々の憧れの鳥だ。枝に止まると、紺色の翼と尾羽、黒いキャップと長く伸びた深紅のくちばしがよく目立つ。飛び立つと翼に大きな白斑があらわれ、止まっている姿・飛ぶ姿ともに親しまれている。

【サントメの日（サントメ・プリンシペ）】

ヨウム

Psittacus erithacus ／ Grey Parrot

【分類】インコ目インコ科　【大きさ】35cm

飼われることで隠れた才能が開花

「オウム返し」とは「意味を考えずに言葉を繰り返すこと」の意。しかし、西アフリカの島国サントメ・プリンシペの国鳥で、ものまねの天才、ヨウムの「オウム返し」はそれだけではない。人間の言葉を理解し、会話を通して人と知的な交流ができることがわかっている。もともと野生のヨウムは、モズやカケスのようにほかの鳥をまねることもなく、「ギャアギャア」「ピイ」という声で鳴くだけだった。しかし飼育下ではじめて人間の声をまね、ついにおしゃべりまでするようになった。一緒にくらすうちに、我々人間に心を許してくれた証なのかもしれない。

12/22

【スープの日】

アビ

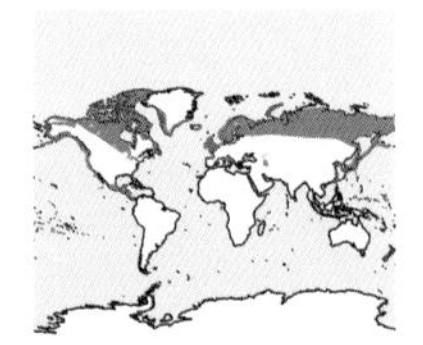

Gavia stellata ／ Red-throated Loon

【分類】アビ目アビ科　【大きさ】63cm

瀬戸内海の冬の漁を支えた

かつて、冬の瀬戸内海ではアビ類を使って魚をとる「アビ漁」が行われていた。海面を泳ぐアビ類の群れを囲み、アビに追われた小魚を目当てに集まるタイやスズキを釣り上げる漁法だ。300 年以上も前から続いていた漁法だが、アビの飛来数の減少とともに見られなくなった。アビは沿岸から沖合に飛来し、海が荒れると内湾や河口にも入ってくる。繁殖地では淡水域で生活するが、越冬地の日本では海で生活し、潜水して魚や甲殻類を獲って食べる。なお、アビ漁では主に、アビ類で最も多く日本に飛来するシロエリオオハムの群れを探していた。

【東京タワー完成】

アオマユハチクイモドキ

Eumomota superciliosa ／ Turquoise-browed Motmot
【分類】ブッポウソウ目ハチクイモドキ科　【大きさ】35cm

食生活は効率重視

ターコイズブルーの眉、翼、尾羽は光を受けてキラリと輝く。とりわけ眉の部分は、12月の誕生石、トルコ石で飾ったように、きらめいている。ハチクイモドキと同様に、尾羽の先の形をラケット状に作り変え、枝に止まっているときに振り子のように左右に揺らす。森林の鳥だが、林縁やプランテーションにもよくあらわれる。食事は効率重視で、中南米で見られる軍隊アリの行進についてまわり、アリから逃げる昆虫やトカゲなどを楽々と捕食する。中米の国、ニカラグアとエルサルバドルの国鳥で、コスタリカではエコツアーでもよく見られる人気者だ。

12/24

【奄美諸島本土復帰】

ルリカケス

Garrulus lidthi ／ Amami Jay

【分類】スズメ目カラス科　【大きさ】38cm

出会えるのは奄美だけ

地球上で奄美大島と周辺の島にのみ生息する、日本固有種のカケス。濃い瑠璃色と小豆色の羽色で、尾羽の先だけちょこんと白い。常緑広葉樹の原生林にすみ、繁殖期以外は小群で生活している。人家の周辺や畑にあらわれ「ジャージャー、ギャー、ギャイ」としゃがれた声で鳴くため、見つけやすい。巣は原生林内の樹洞だけでなく、人家の庭のガジュマルや家の軒下、押し入れにつくることもある。雑食性で虫、爬虫類、両生類、木の実、芋などを好み、貯食後に忘れさられたドングリなどは種子の散布となり、森の再生に貢献している。

シチメンチョウ

Meleagris gallopavo ／ Turkey

【分類】キジ目キジ科　【大きさ】♂ 15kg　♀ 10kg

クリスマスのごちそうの定番

クリスマスといえばこの鳥。コロンブスがアメリカ大陸を発見した時、シチメンチョウはすでに先住民たちに飼育されていた。後の世にバーボンウイスキーのラベルでおなじみとなった野生種を家禽として育てていたのだ。アメリカの鳥なのにTurkey（＝トルコ）なのはなぜか。はじめてヨーロッパにもたらされた16世紀には、アフリカ原産のホロホロチョウがTurkeyとよばれていた。ところが、アメリカから来たシチメンチョウの方が肉がたくさんとれることから、ホロホロチョウに代わり普及。その際、2種が混同されてこの名が定着してしまったといわれている。

【ミソサザイの日（アイルランドなど）】

ミソサザイ

Troglodytes troglodytes ／ Northern Wren
【分類】スズメ目ミソサザイ科　【大きさ】11cm

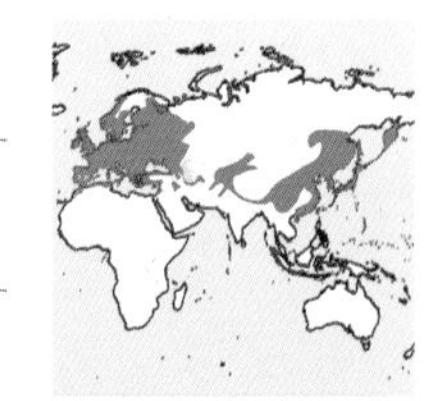

小さな体に大きな美声

昔は「サザイ」とよばれていた鳥。漢字では「鷦鷯」と書く。鷦は「小さい」、鷯は「鳥」を意味し、見た目は地味だが昔から縁起の良い鳥とされていた。仁徳天皇の幼名、大鷦鷯皇子（おおささぎのみこ）にもその名がつけられている。ヨーロッパの伝説でも知恵と幸運をもたらす鳥の王様として、崇められてきた。渓流や谷に沿った薄暗い林にくらし、尾羽を上げて倒木や岩の間を跳ね歩き、虫やクモを食べる。天を見上げるような堂々とした姿勢で、「ピピピチュイチュイチリリリ」と小さな体に似合わない、谷間じゅうに響きわたる大きく美しい声で囀る。

【動物園訪問デー（アメリカ）】

ホオジロガモ

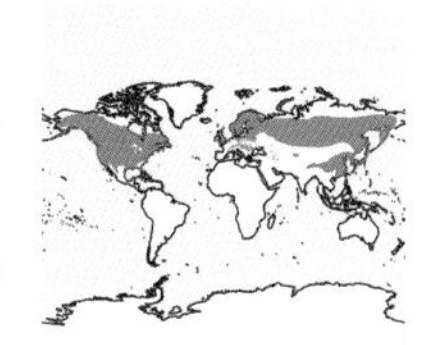

Bucephala clangula ／ Common Goldeneye

【分類】カモ目カモ科　【大きさ】45cm

派手なディスプレイを披露する

オスの頬には和名の通り白い円形の模様があり、英名には、金色の虹彩をあらわすGoldeneyeが使われた。日本では冬鳥として沿岸、内湾、河口に飛来し、内陸の湖沼や川にも入る。群れでいることが多く、一斉に潜っては貝、甲殻類、魚、水生昆虫をとり、海藻や水草なども食べる。春先には、オスが「ギッギー」と鳴きながら、頭を上にぐいっと反らせるディスプレイを披露する様子が見られる。4月中旬になると繁殖地のシベリア中部へ帰り、水辺のある森の樹洞に産卵しひなを育てる。メスは帰巣本能が強く、毎年同じ巣を使っている。

【トキ 天然記念物指定】

トキ

Nipponia nippon ／ Asian Crested Ibis
【分類】ペリカン目トキ科 【大きさ】77cm

朱鷺(とき)色になったり黒くなったり

朱鷺色とは、黄みがかった淡く優しい桃色。トキが朱鷺色なのは、非繁殖期だ。一方繁殖期には、のどから分泌される墨のような色素をくちばしで塗り、頭から翼が薄墨色の化粧を施した、「黒いトキ」に衣替えする。ただ、くちばしが届かない部分は塗れないので、飛翔姿を見上げると綺麗な朱鷺色をしている。かつては日本各地に生息したが、昭和の頃には佐渡島と能登半島でしか見られず、2003年に佐渡島で飼われていた最後のトキが死亡し日本産は絶滅。中国産のトキを野生復帰させ、2021年時点で400羽以上が佐渡島でくらしている。

【生物多様性条約発効日】

シジュウカラガン

Branta hutchisii leucopareia ／ Aleutian Cackling Goose

【分類】カモ目カモ科　【大きさ】65cm

絶滅の危機からから大復活

頬にシジュウカラとよく似た白い模様があることが、名前の由来。冬鳥として、日本に渡ってくる。北海道本島の東に位置する千島列島で繁殖していたが、島に放たれたキツネに捕食され個体数が激減してしまったため、1993 年 4 月には国内希少野生動植物種に指定された。その後、アメリカのアラスカ州に属するアリューシャン列島の個体を動物園で繁殖させ、1995 年に千島列島で放鳥。2005 年には宮城県の越冬地でその姿が確認された。以降も数を殖やし、2021 年の冬には 8,000 羽以上が観察されるまでに復活を果たした。

12/30

【地下鉄記念日】

ショウジョウコウカンチョウ

Cardinalis cardinalis ／ Northern Cardinal

【分類】スズメ目ショウジョウコウカンチョウ科 【大きさ】23cm

ホリデーシーズンの赤い鳥

とんがり帽子のような冠羽をもつ、真っ赤な小鳥。アメリカでは広域に生息し、7つの州で州鳥に指定されている。また、ホリデーシーズンバードとして、クリスマスカードの定番柄にもなっている。人家近くでもよく見られ、オスメスともに可愛らしい囀りを響かせる。春の繁殖期には、オス同士の熾烈な争いの果てにペアが成立。茶色っぽい地味な見た目のメスは、茂みや木立の中にとげのある小枝を集めて巣をつくり卵を抱く。ひなが孵るとオスもえさを運び、ペアで仲良く子育てする。秋には小さな群れをつくり、皆で集まって寒い冬を乗り切る。

カンムリセイラン

Rheinardia ocellata ／ Crested Argus
【分類】キジ目キジ科　【大きさ】♂ 235cm　♀ 75cm

現代に生きる鳳凰

鳳凰は平和な世にのみあらわれる、五色の羽をもつ伝説上の生き物。この不思議な力をもつ霊鳥のモデルになったとされるのが、ジャングルの奥深くでくらすカンムリセイランだ。オスの尾羽は長さ 1.7m、幅 13cm もあり、1 枚の鳥の羽としては最大。小さな白い斑点模様は茶色い翼から小豆色の大きな尾羽までつづき、白と栗色の冠羽とともに鳳凰の風格を漂わせる。オスは地面に求愛場をつくり、斜に構えるように長い尾羽を斜め横に広げて、メスに覆い被さるようにアピール。メスの周囲をぐるぐる歩きまわり、何度も自慢の尾羽を見せつける。

<本文に登場する鳥用語解説>

Terminology

【留鳥】（りゅうちょう）
同じ地域に一年中生息する鳥。

【渡り鳥】（わたりどり）
繁殖する地域とそれ以外の時期を過ごす地域が離れているため、季節によって長距離を移動する鳥。夏鳥、冬鳥、旅鳥の３種類に分けられる。

【夏鳥】（なつどり）
ある地域に春から初夏に飛来して繁殖し、秋には越冬のため南へ渡る鳥。日本では南の地域から帰ってきて繁殖する鳥。

【冬鳥】（ふゆどり）
寒さを逃れるためある地域に秋になると飛来して、春になると繁殖地へ戻る鳥。日本では北の地域から飛来して冬を過ごし、春には北へ帰る鳥。

【旅鳥】（たびどり）
渡りの途中で、その地域を通過する鳥。日本では、春の北上と秋の南下の際に見られる。

【迷鳥】（めいちょう）
台風で流されたり、他の鳥の群れに混じったり、渡りの途中で迷いこみ、本来の生息地ではないところにやってきた鳥。

【成鳥】（せいちょう）
成長し、生殖ができるようになった鳥。鳥の種類によって成鳥になる速さは異なり、数カ月から数年まで幅がある。

【幼鳥】（ようちょう）
ひなから成鳥になるまでの成長段階にある鳥。羽毛が残っていたり、羽の模様が成鳥と異なるなど、見た目でわかるものが多い。

【水鳥】（みずとり）
川や湖、水田など、水辺にすむ鳥。

【海鳥】（うみどり）
水鳥のなかでも特に海域にすむ鳥。

【飼い鳥】（かいどり）
ペットとして人に飼われている鳥。コンパニオンバードともよばれる。

【家禽】（かきん）
肉、卵、羽毛などを利用するために飼育されている鳥。

【繁殖羽】（はんしょくう）
主にオスがメスへの求愛のため、繁殖期に生える羽。色が変わったり、飾り羽や冠羽が生えることもある。

【飾り羽】（かざりばね）
頬や頭、背中や胸などから生える、飾りのような美しい羽。サギのなかまに多く、繁殖期のオスにだけあらわれる場合もある。

【冠羽】（かんう）
頭頂部から生える長い羽や目立つ羽。驚いたり求愛するときなどに逆立つこともある。

【風切羽】（かぜきりばね）
翼の先端に一列に並んで生える、飛ぶために必要な長く丈夫な羽。

【尾羽】（おばね）
尾骨から生える羽。急旋回やバランスをとるときに使う。

【アイリング】
目の周りの体と異なる色のついた部分。

【虹彩】（こうさい）
目の色彩のこと。人でいう白目の部分。

【托卵】（たくらん）
自分の卵を他の鳥の巣に産みつけ、そのまま巣立ちまで他の鳥に世話をさせること。代わりの親は仮親、代わりの母は仮母とよばれる。

【ホバリング】
高速で羽ばたきながら、空中の一点に止まること。

【ドラミング】
くちばしで木の幹や枝を繰り返したたく行動。

【母衣打ち】（ほろうち）
キジ類が求愛や誇示のため、翼を激しく羽ばたかせて羽音を出す行動。

【ディスプレイ】
求愛や威嚇のためにとる行動。その行動は鳥によってさまざまで、大きく羽を広げたり、上空から急降下したり、ダンスのような動きをする鳥もいる。

【ねぐら】
外敵をさけるため、主に夜に休む場所。産卵や子育てをするための「巣」と使い分けることが多い。

【コロニー】
同類や数種の鳥が近くに集まった集団のこと。転じて、集団で形成される営巣地のことを指す。

【繁殖期】（はんしょくき）
求愛や巣づくり、交尾、産卵、育雛を行う時期。（⇔非繁殖期）

【聞きなし】
鳥のさえずりを人の言葉に置き換えたもの。

【さえずり】
繁殖期に小鳥のオスがなわばりを宣言する鳴き方。

<50音順索引>

Index

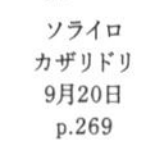

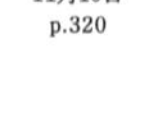

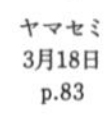

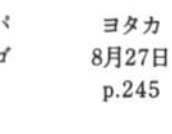
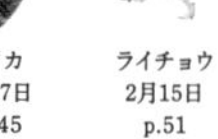
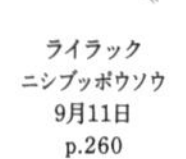

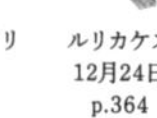

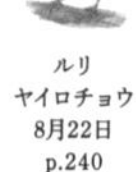

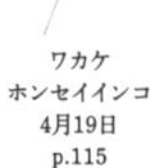

＜参考文献＞

Bibliography

秋篠宮文仁、小宮輝之『日本の家畜・家禽（フィールドベスト図鑑 特別版）』学研プラス、２００９年

アフロ写真／水野久美著『世界の国鳥』青幻舎、２０１７年

加瀬清志『すぐに役立つ３６６日記念日事典 第４版【上下巻】』創元社、２０２０年

小宮輝之監修『見わけがすぐつく 野鳥図鑑』成美堂出版、２０２０年

ティム・レイマン、エドウィン・スコールズ著／黒沢令子訳
『極楽鳥 全種 世界でいちばん美しい鳥』日経ナショナルジオグラフィック社、２０１３年

マリアン・テイラー、マイケル・フォグデン、シェル・ウィリアムスン著／小宮輝之監修
『美しいハチドリ図鑑 実寸大で見る３３８種類』グラフィック社、２０１５年

平野恵理子『きょうはなんの記念日？ ３６６日じてん』偕成社、２０２０年

Josep del Hoyo, Nigel J. Collar, David A. Christie, Andrew Elliott, Lincoln D. C. Fishpool, 2014. HBW and BirdLife International, *Illustrated Checklist of the Birds of the World Volume 1*. Barcelona: Lynx Edicions.

Josep del Hoyo, Nigel J. Collar, David A. Christie, Andrew Elliott, Lincoln D. C. Fishpool, Peter Boesman & Guy M. Kirwan, 2016. HBW and BirdLife International, *Illustrated Checklist of the Birds of the World Volume 2*. Barcelona: Lynx Edicions.

おわりに

鳥は動物のなかで、最も身近で、観察しやすい存在です。そのわけは羽をもち、空を飛び、昼間に活動するものが多く、よく目につくからでしょう。軽やかに羽ばたいて空を飛び、魅惑のディスプレイに興じ、美しいメロディーで歌います。世界には約1万種もの鳥がいます。熱帯域を中心に生息する目の覚めるようなカラフルな鳥。寒帯域や海の鳥は、シンプルですてきな色調のものが多くいます。そして日本に目を移すと、万葉集には556首もの鳥が詠まれていることからもわかるように、鳥は遠い昔から私たちを魅了してきた生き物です。

誕生石や誕生花があるのは、宝石や花が美しく、魅力的な存在だからです。だったら誕生鳥があっても良いのではないでしょうか。そんなことから、1年間、366日の誕生鳥をあげてみたのがこの本です。

驚いたことに世界中には、実にたくさんの鳥にまつわる記念日があります。また、国鳥を選定している国、国旗に鳥を描いている国もあり、それぞれの独立記念日などにあわせて鳥を選びました。さらには季節や月日と関わりをもつ、その日やそのシーズンに相応しい鳥。ハチドリのように宝石の名を冠した鳥は、それぞれの月の誕生石にあわせています。

美しい鳥、かわいい鳥、世界一の鳥、並外れた能力をもつ鳥などなど。みなさんやご家族、お友達の誕生鳥を探してみてください。誕生鳥を気に入ってもらい、世界中に生きる一羽一羽の鳥に興味を持っていただければ嬉しい限りです。

小宮輝之

【著者　小宮輝之】（こみや てるゆき）
1947年東京都生まれ。1972年、多摩動物公園の飼育係になり、多摩動物公園と上野飼育課長を経て、2004年から2011年まで上野動物園園長。山階鳥類研究所および日本鳥類保護連盟評議員、サントリー世界愛鳥基金運営委員。

【絵　倉内渚】（くらうち なぎさ）
1991年愛知県生まれ。名古屋造形大学イラストレーションデザインコースを卒業後、いろは出版の似顔絵ブランドWORLD1の似顔絵作家「なぎさ」として活動中。鳥好きで、お気に入りは動物園で一目惚れしたキバタン。Instagramアカウント：@nagisa_world1

366日の誕生鳥辞典　―世界の美しい鳥―
2021年10月4日 第1刷発行

著者　　　小宮輝之
絵　　　　倉内渚

編集　　　奥村紫芳
編集協力　粟津菜摘
装丁デザイン　宮田佳奈

印刷製本　中央精版印刷株式会社

発行者　　木村行伸
発行所　　いろは出版株式会社
京都市左京区岩倉南平岡町74
TEL　075-712-1680
FAX　075-712-1681
H P　https://hello-iroha.com
MAIL　letters@hello-iroha.com

ISBN　978-4-86607-203-6